JN137909

Nihonshu ni Koishite

日本酒に恋して

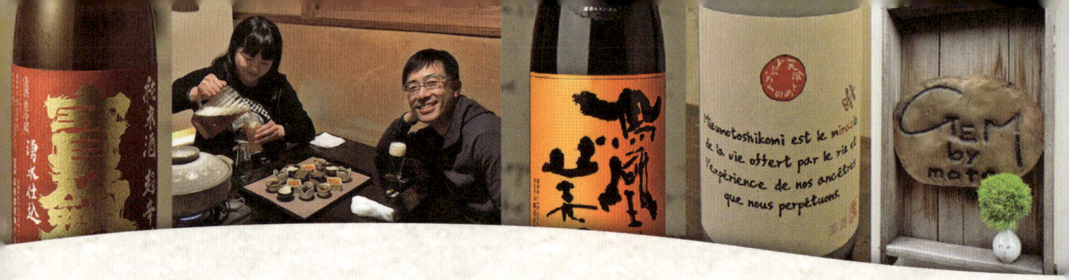

CONTENTS

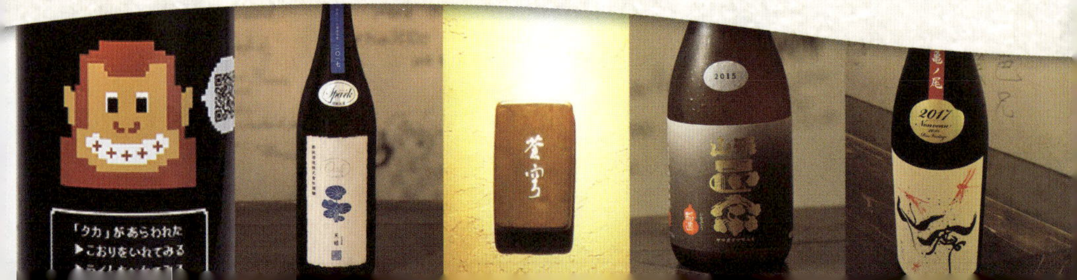

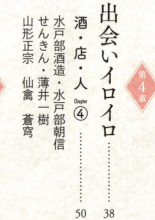

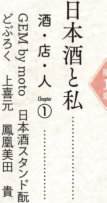

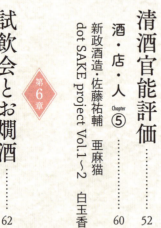

CONTENTS

2018年10月　GEM by motoにて

お酒は二十歳になってから。

●本書は麻里絵さんの体験を元に構成しています。登場する人物・団体は実在しますが少し誇張して描かれています。また名称などは当時のものです。現在では販売していないお酒なども登場しますがご了承ください。味覚は人それぞれです。味に関する記述は個人の感想になります。

日本酒と私

初めまして
千葉麻里絵です
東京は恵比寿で
日本酒のお店
GEM by motoの
店長をしています
わー
オシャレな店
ちょうど
腹ペコだから
入っちゃお
GEM by moto
あの
ひとりなんです
けどー
こちらへ
どうぞ
当店は
コの字
カウンターです
お酒の
メニューは
こちらで
本日のオススメ
日本酒
ばっかり…
料理は
壁の黒板に
あのう
ここはバー
ですか？
日本酒と料理の
お店です

日本酒……
苦手なんだけど
………
はっ
ビールサーバー
ビ、ビール
あるんですね!?
はい
じゃ!!
ビールとハムカツ
ください
よかったー
『とりあえず麦酒《びいる》党』の
党員のためにビールも
あります
ブルーチーズと
ハムのカツ
ハムカツは
味がついているので
このまま
お召し上がり
ください
お おいし〜
チーズが
きいてるー
ビールに
合うー
ビール
最高!!
ぷはー
……
……
よければ
こちらを
どうぞ
ソースがわりに
ハムカツのあとに
飲んでみて
ください
コトリ
ソース!?
飲むの?
この白いの
試飲グラス
どれどれ
ヒョイ
パク
うっ

うっ うまーーっ!!
なんですか これーーーっ!?
どぶろくという お酒です にごって います
すごく合う これもっと くださーい
また日本酒ファンが ふえるんじゃない? 麻里絵さん
よっ カリスマ 店長!!
私じゃなくて 日本酒がスゴイ のです
スゴくて 面白いのです
あとー カツオのタルタル ください
それに合う お酒も
ポテトサラダ
出汁巻き
豆腐の味噌漬
水なすの昆布〆
これは 3年熟成させた お酒です
熟成?
日本酒は飲む 順番が大切です まず肴を食べてから 日本酒が基本です
が
今日はまず 一口飲んでみてください
ちょっと 面白いです
面白い? 実験?

けっこう濃厚な感じなのに飲みやすい
私の知ってる日本酒と違う
この店は-5℃の氷温庫があり特別に日本酒を保存しています
-5℃
氷温庫
大公開!!
ちょうどいい状態で熟成できるようにしています
ではカツオのタルタルを
すかさずお酒
は…
変わるのですお酒の味が変わるのです
日本酒がこんなに美味しかったなんて…
ビックリ!!
美味しい日本酒はまだまだいくらでもあります
お客様にたくさん味わっていただきたい
やわらぎ水も飲んでくださいね
日本酒の可能性は無限大なのです
また常連がふえるね
人見知りなのにねぇ

こんばんは
いらっしゃいませ
こちらへどうぞ
今はこれ
温かいのからいきますか？
この次は冷たいのにします？
あの…誰もお酒の注文してないみたいですけど…
メニューも見てないし
ああ
彼女は お客さんの好みを覚えているからお薦めを出してくれるんだ
この店は麻里絵さんが選んでくれたオートクチュールをお任せで出してもらったほうが楽しいお店なんだ
なるほど言われてみれば

日本酒は季節によって味わいが変わり温度や熟成でも違ってきます
だから「今」飲んで欲しいお酒があるんです
成長していく自分の子供みたいな
「宝物」なんです
日本酒は造り手の魂が込められた生きもの
カウンターという舞台に立つ大切な宝物です
宝物？
うんうん
昔は何も知らなくて大人の飲む透明な酒だとしか思ってませんでした
ヒミツ
成長した
日本酒ほど温度を細かく変えて楽しむお酒は
お燗です
世界的にも珍しいのです

わ――
お燗すると
味も香りも
変わりますね
常温の時は
少し飲みにく
かったのに
まろやかに
なって
おもしろ
――い!!
こうやって
ファンが
ふえるのか
うまっ
日本酒
LOVE
♥
私は日本酒を
提供する仕事を
みんなの
憧れの職業に
したいんです

ホイッパージュ
シナモン
パパッ
コショウ
ゴリゴリ
あれは何ですか?
ああ
あれはまた別の機会に
いらっしゃいませ!
日本酒おもしろス
また近いうちに来よう
予約した者ですが
お飲みものは?
おしぼりです
辛口のお酒をください
!!
ザワ゛!
!?

辛口のお酒を
ください
きたー
辛口注文!!
さて…
どうするかな
はい
スッキリした
辛口ですか?
しっかりした
辛口ですか?
じゃ
スッキリした
のを
スッキリしたの
ですね
香りはちょっと
あったほうが
いいですか?
どっちでも
いいです
フルーティーな
香りがするのと
香り控えめな
スッキリタイプが
あります
私 フルーティーな
ほうがいいな
では フルーティーで
スッキリした辛口を
お出しします
辛口にも
イロイロ
あるのね
ほっ
フルーティー!!
はー
この味!!
お客様
辛いですか?
このお酒…
ヒソ ヒソ
えっ!?
言われて
みれば…
辛くない
っていうか日本酒の
たのみ方なんて
ホントのとこ
わかんないんだよ
ボソ ボソ
イロイロ
聞いてもらって
助かったなァ

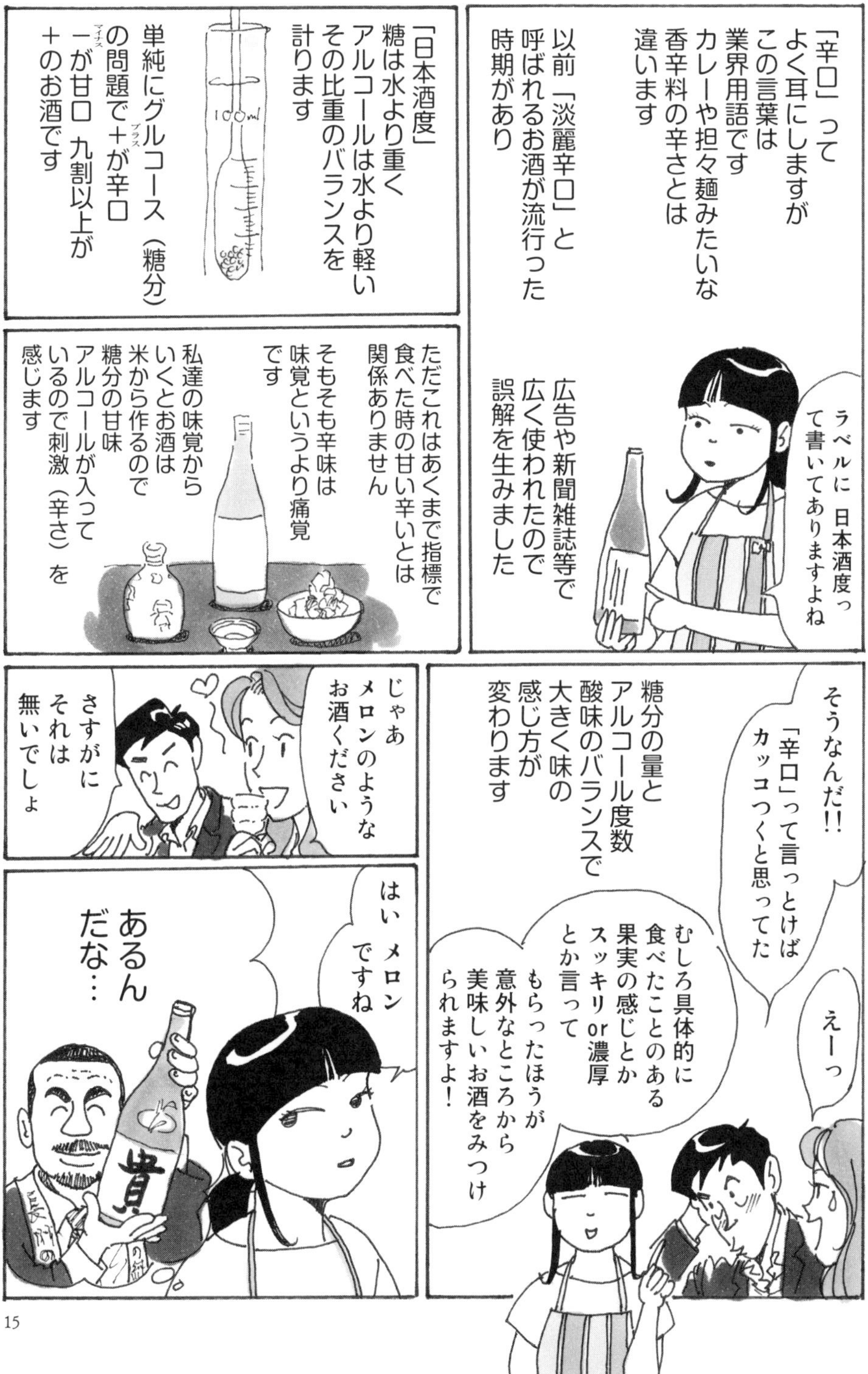
「辛口」って よく耳にしますが この言葉は 業界用語です カレーや担々麺みたいな 香辛料の辛さとは 違います
以前「淡麗辛口」と 呼ばれるお酒が流行った 時期があり
ラベルに 日本酒度って書いてありますよね
広告や新聞雑誌等で 広く使われたので 誤解を生みました
「日本酒度」 糖は水より重く アルコールは水より軽い その比重のバランスを 計ります
100ml
単純にグルコース（糖分）の問題で＋《プラス》が辛口 −《マイナス》が甘口 九割以上が ＋のお酒です
ただこれはあくまで指標で 食べた時の甘い辛いとは 関係ありません
そもそも辛味は 味覚というより痛覚 です
私達の味覚から いくとお酒は 米から作るので 糖分の甘味 アルコールが入って いるので刺激（辛さ）を 感じます
そうなんだ!!
「辛口」って言っとけば カッコつくと思ってた
糖分の量と アルコール度数 酸味のバランスで 大きく味の 感じ方が 変わります
えーっ
むしろ具体的に 食べたことのある 果実の感じとか スッキリor濃厚 とか言って もらったほうが 意外なところから 美味しいお酒をみつけ られますよ！
じゃあ メロンのような お酒ください
さすがに それは 無いでしょ
はい メロン ですね
あるんだな…

GEM by moto（ジェム バイ モト）

麻里絵さんに会えるこのお店は、JR恵比寿駅から約10分。洋風の内装にコの字型のカウンターという店構え。酒質にこだわり日本では珍しい四合瓶メインの品揃えで提供しています。ここならではのお酒もあり、麻里絵さん自ら手打ちするラーメンも隠れた人気メニュー。好みを伝えてお任せで料理とお酒を頼むことをオススメします。他店では味わえない体験ができます。来店のときは予約をお忘れなく（麻里絵さんに確実に会いたい方は、お問い合わせのうえお越しください）。

〒150-0013 東京都渋谷区 恵比寿1-30-9
電話：03-6455-6998
火～金　17:00～24:00
土日祝　13:00～21:00　月曜定休

新宿　日本酒スタンド酛《もと》

若かりし麻里絵さんが店長として務めていた立ち飲みタイプの日本酒専門店。JR新宿駅から約10分。変形コの字型の店内は13名ほどで満員になるくらいのこぢんまりしたお店です。季節のお酒にこだわり、毎日新しいお酒が入荷するため日本酒ファンが足繁く通う聖地のような場所になっています。毎月味が変わる竜田揚げと、なめろうが名物です。予約が出来ないので混雑状況を確認のうえ行かれることをオススメします。

〒160-0022 東京都 新宿区
新宿5-17-11白鳳ビルディングB1階
電話：03-6457-3288
月～金　15:00～23:00
土日祝　12:00～21:00　不定休

どぶろく・水もと仕込み

醸造元／民宿とおの（岩手県）

「水酛《みずもと》」と呼ばれる酒母造りの方法で造られ天然の住みつき酵母と、自然の乳酸菌を活かしたよりナチュラルなどぶろくです。醸造米は、無農薬・自家栽培で育てられた「遠野1号」。

麻里絵ポイント　水酛という先代の知恵が生み出した独特の酸味を現代風にクールに解釈して、きめ細やかに散りばめ、米粒のひとつひとつが持ってる貴重な甘みを「どぶろく」だからできる表現でこの1本に込めています。ナチュラルに感じるガス感と甘味の絶妙なバランスがマッチして、新しいカジュアルな感じに仕上がっています。このオンリーワンのどぶろくは、料理人の佐々木要太郎さんだからこそ造り出せるお酒です。可能性を無限に感じます。

上喜元　純米吟醸　雄町

醸造元／酒田酒造株式会社（山形県）

雄町米の特徴が生かされた含みがあり、柔らかな味わいです。香りは控えめで旨味を多く感じ、酸味もほどよく、なによりフレッシュな印象が残ります。

麻里絵ポイント　熟成の凄さを気づかせてもらった最初の原点になるお酒がこの上喜元の生酒です。搾りたてのお酒は綺麗で華麗で繊細でフレッシュ。無論そうなのですが、同じお酒を1年、2年、3年とビンテージ違いの熟成した生の状態で蔵で飲んだときに…。搾りたてでは味わえない時間軸が織りなす複雑な香りや旨味、とろけるテクスチャーに衝撃を受けました。お酒にこんな楽しみ方があるのだなと学んだ経験は、今でも忘れられません。

鳳凰美田　芳　Kanbashi 瓶《びん》燗《かん》火入れ　純米吟醸

醸造元／小林酒造株式会社（栃木県）

新酒の雫をそのままの姿で1本、1本、丁寧に瓶詰めして火入れ、氷温熟成貯蔵されています。無農薬酒米生産者の藤田芳さんからネーミングされました。お米の凄さと日本酒の厚みが感じられる1本です。

麻里絵ポイント　鳳凰美田のお酒は、エレガントな香りをまとった艶っぽい質感のお酒で、ウットリする味わいが心をざわつかせます。造り手の小林さんを知ってから、さらに熱烈なファンになってしまいました。このお酒のゴージャスな出し惜しみのない香りを漂わせてからの、口に含み甘さが広がったあとにあっけなく終結するいじらしさは、飲み手を圧倒する凄みがあります。美しいものは儚いもの…小林さんのメッセージがお酒にいつもあります。

貴　純米吟醸　山田錦50

醸造元／株式会社永山本家酒造場（山口県）

このお酒は山口県の風土を大切にしていて、厚東川水系の水、西日本の米を使い大津流杜氏永山貴博の技術で醸した純米吟醸酒です。瑞々しいメロンのようなフレーバー。スッキリとしているのに複雑な味わいも持ち、甘さはさほど感じません。酸味も限りなく上品に抑えられ余韻の心地よさは食中酒として抜群の力を発揮します。

麻里絵ポイント　お米由来の柔らかな甘味を感じながら、食欲をかきたてる苦味をちらつかせる巧みな味わいに、「もう一杯!」が止まらなくなります。最強の食中酒としてオススメ。

駆け出しの頃の私は
辛口!
やっぱり辛口だよねー
日本酒の風味は辛口以外の色んな表現があるのに!
なんでみんな辛口辛口しか言わないんだーっ
若マリエ
以上辛口トークでしたー
なんちゃって
さらに昔々の私のお話をします
大学1年
人見知りを克服するため人と接する仕事ということで
居酒屋さんでアルバイトを始めました
やってみると楽しかったのですが
接客を仕事にするつもりはありませんでした
おまたせしました!
居酒屋
就職
人見知りを少し克服
システムエンジニアになったどー
だけど どんなにいいプログラムを組んでも…セクションを追加しても…誰も反応してくれない
クレームだけは深夜にもくる!
SEの仕事自体は好きだったけど
飲食の仕事をしてる時を思い出す
おいしかったわー
またくるよ
ごちそーさんっっ!

熱意をもって仕事を続けていたけど
相手が見えない仕事は「なんか違う」
結局3年勤めてやめました
えいっ
ぴょん
そして飲食の仕事につくためにインターネットで…
新宿2010年６月
新規開店
オープニングスタッフ募集
『日本酒スタンド酛《もと》』
なんかこぢんまりしてて楽しそう!
合格!!
えっ
社長
当時
日本酒のことは全然わからない
味の違いも正直わからなかったのです
日本酒スタンド
酛
moto
祝 開店
お客様がこないっ
ガラ〜
酛です
よろしくお願いします
酒
お客さんが来ないなら日本酒の勉強…
いくら飲んでも味の違いがわからん!!
そうだどんな人が造ったお酒かわかれば…
はっ
会いに行こう!!

お酒を造っている
人に会いに行こう
この時から
酒蔵見学
には勉強のために
必ず一人で行くことに
決めています
おやま
小山
うつのみや
UTUNOMIYA
hey
TAXI
タクシー
小林酒造
まで
お願いします
あのう
駅から かれこれ
20分位走ってるん
ですけど
まだ着かなくて…
あ あんた
それ遠回り
されてるよ
えっ!?
大変
だったね
―
大遅刻
――!!
小林酒造株式会社
すみません
すみません
じゃあ
蔵のほうに
行ってきなさい
小林酒造 社長夫人
おはよう
ございま〜〜〜す
見学用に
着替え
ました

あ…
来たの
小林専務
千葉さん…だっけ?
おおそくなり申し訳ありません
歓迎されてない!! どうしよう!!
じゃ とりあえず そこで見てて
ハイ
かくかくしかじか
ああでこうで
あれやこれや
小林
なんか
酒造りって
かっこいい
MEMO
酒蔵シビれる
くーっ
じゃ 手伝って
えっ!?
見学だけじゃ…!?
見たんだから手伝え

何も
知らないの
に――
大丈夫で
しょうか
私――
ゴシゴシ
酒粕を
袋につめる
私――
酒粕はがし
何かを運ぶ
私――
あっ
何だ
この足跡
みんな並べっ!!
足の裏見せろっっ!!
おまえ
か――っ!?
?
粕
あっ
すみませ――ん!!
ダメでした
私――

ビシャ!!
わっ!!
君 センス ないね
絶対 米には さわらせ ない
ビシー!
小林
洗浄!!
ビビビビビビ
ひゃー
ドス!!
※イメージです
明日は朝4時から仕込みだけど来る? もう 来なくても いいけ…
行きます
昼までに お店に戻れば 大丈夫だ!!
こんなやりとりが その後 3年続くのでした…

栃木県 小林酒造での一泊二日の酒造り体験
2年目
酒粕はがし
うーん 千葉ちゃん 30点
トス
トス
トス!!
うっ
3年目
トス!!
うーん 千葉ちゃん 60点
くやしい!!
絶対100点とってやる!!
4年目
千葉ちゃん ごはん 食べ行こうか?
えっ いいんですか?
パァ
やった! 合格!?
だから こんなに美味しい日本酒を もっと いろんな人に 飲んでもらいたいんです
うーん 千葉ちゃん ちょっとずつ いい感じになってきてるけど
まだまだだよねー
油断!!

でも よく続いてるよね——
うちに来る人はだいたい1年で来なくなるんだよ——
なんでかねー
なんで でしょうねー
キョホ
ズケズケ言うからだよー
5年目
千葉ちゃんごはん食べ行こうー
車に乗って2時間
（往復4時間）
ブー
群馬のお寿司屋さんへ
超うまい
千葉ちゃんもうちょいだねー
こんなとこまで連れて来て
ビ!!
まだ言うか
6年目
麻里絵ごはん食べ行こう
どこ行くんですか?
軽井沢だよ
この超忙しいときに…
いらっしゃいませ
あら小林さんお久しぶり

う…まーい
お　おまえっっ
はっ
ぜいぢょ〜じだな〜
「成長しましたね」
こばっだごどが…あっだら…オデにでんだぐしど…
「困ったことがあったら連絡しなさい」
あらあら小林さんたら
?!!
あなた初めて見る人だけどこんなところに連れて来てもらえるってことは…
がんばってる子なのね
ふふふ
この人不器用な人なのよ
ゴバヤジざん!
じーーん
うっく
うっく
づれじい……
2016年
その後 初めてGEM by motoに来た小林さん
こんな!!
くる
くる
立派な
氷温庫のある
くる
日本酒専門店の店長になって
麻里絵
うそみたいだよ
ありがとうございますー

日本酒の個性とは…何に由来するのか

お米はワインの葡萄とは異なり、1年限りの多年草です。米は毎年、稲が植えられて夏の生育時期に出穂し…やがて実り…秋に収穫されるので一年草と間違いやすいですが、多年草なのです。米には多年草としてのDNAがキチンと引き継がれていると強く思います。特に種モミを収穫し翌年、その翌年とその風土が少しでも引き継がれた米は…明らかにその土地、その土地のDNAを紡いでゆくことが伝わってくるからです。

この多年草のお米を1年完結で栽培収穫することは、四季に恵まれ豊かであるけれど、小さな島国である日本の土地の気候や土壌そして、それを栽培する人の人間性を日本流に凝縮して表現する方法なのではないだろうかと考えます。これは日本独自の文化や民族性や、自然を恐れ敬う宗教性に結びついているのでしょう。

だからこそ！ 日本酒は造り手の人間力の結晶であり、その造り手の個性がそのまま表現される…表現していく酒なんだと思います。

だからこそ！ 美味しい日本酒を造る、造り続けるためには…造り手の人間力や輝きを研鑽し続けて良酒を醸し続け、造り手の魅力を解き放ち続けなければならないんだとも思います。日本酒業界の局面は、世代を超えて人間力を繋げ、伝え続けることにあるのでしょう。鳳凰美田・小林酒造の酒造り、人づくり、米づくりの取り組みを回想して改めて感じることです。

知ることの大切さを教えてくれた小林正樹さん

日本酒業界の右も左も分からない私に、鳳凰美田の酒造りを見せていただき感謝しております。心がざわつきました。この透明な液体が出来る瞬間のために、人がこんなにも緊張感と愛情を持ってお酒を造っているんだなということを、たった1日で知り、感銘を受けたのを今でも憶えています。それから私は、日本酒をとことん勉強し、日本酒と向き合いました。

そんな時、小林さんは酒造りは1人では出来ないこと、チームとして造ることが大事なこと、自分自身を磨くこと、人に感謝をすることを何年もかけて私に教えてくれました。日本酒のことしか見ないで突っ走っていた私に酒造り以外のことをたくさん教えてくれました。こんどは自分磨きをしようと思いました。

今の時代、仕事は見て感じて技を盗みなさいという第六感を磨くことが大事だという昔ながらの職人のような考えは少なくなりました。言葉でどうしてこれをするか、丁寧に順を追って説明するのが当たり前だというのが普通です。それはいい反面、パッと感じて臨機応変に動く能力が欠落しているように感じています。

小林さんは現場ではとても厳しいです。この漫画で伝えたことは、ほんの一瞬のことにすぎません。小林さんから学んだことは言葉で叱られて気づいたこともありますが、感じて欲しいという、言葉では得られないことをたくさん私に体験として与えてくれました。

知ることの大切さを教えてくれた小林さんは誰よりも厳しく、誰よりもとても優しい人間なのです。不器用な、お父さん的存在で尊敬しています。困ったときは飛んで来てくれましたね。私はそれを知っているので、小林正樹という人間が大好きなのです。

新宿2年目 日本酒スタンド 酛では まだ アルバイト 待遇で 店が暇な時は シフトが入らず
ハイ!! 話は戻りまーす
生活に困った 私は 近所の デパートでも アルバイトを していました
いらっしゃい ませー
君 居酒屋でも バイトしてるん だって?
日本酒の 試飲販売 手伝ってくれる?
デパート
暇 ですね
むむむ
川《かわ》鶴《つる》
日本酒試
突然ですけど 私 昨日 誕生日 だったんですよ
1月25日
えっマジ!? 俺も 昨日 誕生日
すごい!! ぐーぜんですね
だねェ!!
お祝いに 飲みま しょうか?
じゃ いこか?
検索 ……と
せっかく 行くなら 川鶴のある 店がいいよね
新宿 川鶴 飲める 0件
川鶴 すべて 画
0件
やべ〜〜〜っっ
川人社長
このへんで よく行くお店 あります?
ん〜 そうねェ

※はがい　香川県の方言で「いらいらする」という意味

言えんじゃないか
………
お酒「まあまあ」のくせに
な
なんだと――っ
何で こんなケンカに……!?
グレーグレー
相変わらず暇……
………
……
日本酒試
川鶴
昨日はごちそうさまでした
昨日はいいすぎたゴメン
私…あのあと考えたんですけど…
私は…私のしたいことは…

●この物語は実話です。

自分の思い入れのある宝物みたいなお酒を
もっと素敵に的確に
お客様に伝えたい
自分の言葉でやり方で
そんな仕事をする…
そう気づきました
ありがとうございました
ペコリ!!
これから川鶴のお酒がネット検索ですぐに出てくるようにがんばります
じゃ オレも頑張るから
一緒に頑張ろう!!
もうグレーな酒とか言わせない
川人社長と徹底的に話し合ってみた
香川にしかない美味しい酒米があるのに香りに頼ってる感じがする
ムキィ!!
な なんだと!?
そ そうか…?

こう酒米の旨味をグッと
ズバッと
う―――む
ぐッ
半年後
オオセト70というお酒が四国からやってきた
ぐいっ
めっちゃうまい!!
荒削りでザワッとする
これいい
川人社長
1年くださぃ!!
このお酒広めてみせます
お店で積極的に味の良さを紹介してみた
川鶴っていう四国のお酒
ご存知ですか?
オオセト70っていうのが美味しくて
えー飲みたいなー
あるの?
それが〜うちには置いてないんです〜
なんだよ〜
ますます気になる〜〜〜
バタ!!
そんな ある日
知り合いの酒屋矢島酒店のヤジー から連絡をもらう…
矢島酒店
麻里絵 川鶴 飲んでみたよ

麻里絵!!
川鶴を取り扱ってみようと思うけどお店に出す？
矢島酒店
ほしいです!!
それを皮切りにご縁で取り扱ってくれるお店が増え…
噂が噂をよび都内で取り扱う酒店が8店舗ほど増えていきました…
酒の秋山
1年後
新宿 川鶴 飲めるで検索っと…
やったーこんなにーっ
ザーーッ
2018年10月現在
2200件
こんなにっ!!
おまえのおかげだっっ!!
あの時はホントに殺してやろうかと思ったが!!
えっ!?
2015年
GEM by motoの店長になるために新宿店を卒業の日
川人社長が駆けつけてくれました
来ちゃったよ
あらっ
これ初めて会った当時の酒一緒に飲みたくて
わぁ
くいっ

……
ほんま微妙～～～
グレ～～～
グレ～～～
グレ～～～
今のがおいしければいいじゃないか…
あん時はようゆってくれた
あん時はこわかった
謎の壁
ヤジーとは何者か…
ずいぶん前 千葉県 某所 居酒屋
はあぁぁ～～～～
若かりし 酛の社長
どうせ大変なら好きなことやりたいなぁ
日本酒の店とか…
しばらく後…知らない隣の人と……
えっお兄さん日本酒好き？オレもっ!!
これからは地酒っスよ
ギャハハハハハ
日本酒を盛り上げるぞ!!
地酒大好き!!オレ日本酒のお店やりたいんだよ!!
地酒をもっと広めましょう!!
若かりしヤジー

2010年 新宿に日本酒スタンド酛開店
祝開店
オープニングスタッフ～♡
お客様が来ないいっ!!
……
まきこまれた人
この矢島酒店 二代目 矢島幹也さんがヤジーだった
NOOOOO…
OSAKE
何も知らなかった私はヤジーに日本酒のことをいろいろと聞いていた…
日本酒の○○ってどういうことなんです？
それはあーでこーで
じゃあこれはて
そんなことは知らん
お酒を造っている人に会ってみたいんですがそんなこと可能ですか？
蔵見学？
できると思うよ…
ぜひ紹介してください
……
キミ鳳凰美田《ほうおうびでん》好きでしょ
キラーン
大好きですっ
栃木にいい酒蔵がある
小林さんって超いい人がいる
ホーオービデーン
いってらっしゃーい
わーい行ってきま――す

●鬼の目にも涙
※イメージです。

2代目　矢島幹也

矢島酒店

作者・麻里絵さんのお店がお酒を仕入れている酒屋。昭和37年創業。蔵元直送の地酒を中心に、様々なお酒と八街（やちまた）産落花生や酒器なども取り扱っています。照明から温度管理までお酒の品質保持に細心の注意を払い、デリケートなお酒を蔵元から出荷されたときのまま、劣化を防ぐ商品管理がされています。同店は「和醸和楽（わじょうわらく）」という日本酒蔵元と酒販店が協力しておこなう、日本酒と日本食の文化を発信して笑顔を広める活動に参加しています。我が国の食文化の魅力を知っていただき、伝承・育成・発展の手助けをするのが目標です。

〒273-0047 千葉県船橋市藤原7-1-1
電話：047-438-5203
9:00〜20:00（日曜は19:30）
毎火曜、第3月曜定休

寳劔（ほうけん）　純米酒　超辛口

醸造元／宝剣酒造株式会社（広島県）

超辛口というネーミングながら旨味たっぷりで、強炭酸水のようなお酒を期待している人の度肝を抜く辛口信者を改心させる逸品。

麻里絵ポイント
宝剣酒造の凄みはいつ開けても安定の美味しさが保たれているということです。日本酒は生きものなので1本1本微妙に違いますが、開けたての時から最後まで絶大なる信頼を持ってお客様に提供できる、頼れる兄貴的なお酒です。見た目の超辛口ラベルから良い意味で、このお酒は想像を裏切ります。口あたりはフワッと柔らかいテクスチャーで、スーッとふくらむように甘味と旨味が入ってきて、繊細なタッチで消えていきます。これは、杜氏の土井さんの見えざる優しさがお酒にも反映されているからでしょう。

川鶴　純米限定槽場直汲み 無濾過生原酒

醸造元／川鶴酒造株式会社（香川県）

現在は新しい讃州オオセトのお酒を飲むことができます。骨太な味わいはそのままに、飲み口の爽やかさがアップしています。旨味・米味・酸味が一体化した川鶴らしいお酒です。讃岐の歴史ある酒米「オオセト」をお楽しみください。こちらは矢島酒店の限定酒。

麻里絵ポイント
香川県産の酒米『オオセト』と、川鶴の中硬水の仕込み水で表現された力強く凛々しいお酒です。キレのある酸味と濃醇なコクが後を引きます。川人社長と出会い誕生した原点と言える『川鶴 オオセト70』旧ラベルは、香りに頼らないオオセトの力強い旨味を、前面に押し出そうということから、昔から使われていた「川鶴」の髭文字ラベルで味を表現したそうです。

出会いイロイロ

新宿2年目 初春
日本酒スタンド酛 営業終了後
あー このお酒 いいなー
山形正宗《やまがたまさむね》 稲造か
最高!
原材料名 米・米こうじ
精米歩合 山田錦55%
国産米100%使用
アルコール分 16度
稲造って酒米の 名前かな
って… アレ? 山田錦!?
うーむ
これはまた 「勉強」しに いかねば…
様々なツテを たどって蔵見学に 行けることに
あのー 蔵見学の 日程を…
ああ!!
○○さんの 紹介じゃ 断れないから 来るのは かまわないけど
段取り 悪いな
そんなやりとりが あっても なんとか 来ることができた 山形県 株式会社水戸部酒造
こんにちは
よろしく お願いします
こんにちは
で!?
何がみたいの?
水戸部朝信
ピリ ピリ
ピリ ピリ

ブログにのせる写真でも撮りにきたのか!?
何か聞きたいことでもあるの?
歓迎されてない!! 鳳凰美田の時と同じ!!
え〜〜〜とこちらの稲造というお酒が好きで…
何で稲造というのかな〜〜〜と
絶望的
そんなこと聞くかっっっ
MEMO
最初に飲んだ時に独特な味がして
ドキドキ
稲造という私の知らない酒米かと思ったら山田錦だったので……
何か稲に関係あるのかと!!
えっ!?
あっ!!
そうそう稲が大事
酒造りは米作りからがモットーだから稲を造るで「稲造」なんだ!!
やっぱり——!!
メモメモ
MitobeとNitobe
新渡戸稲造
中学の時のアダ名という説もあるが……
おーいイナゾー
イナゾー
んだー
※水戸部少年

それで稲造を飲んでどう思ったって?
…
なんか… 木みたいな風味がほんのりいい感じで
水が他のお酒と違ってシュッとしているんです
ほ——
水と風味のことを言いますか
ざっと蔵内を案内するから そのあと蕎麦でも食べに行く?
ぜひ!!
ピリピリが消えた…
イソイソ
うちの仕込み水はよそとは違うんだ 名刀の切れ味なんて言われる天然水!!
あ—— だからかー
えっ!?
私 お酒のイメージが形で見えるんです 例えば…
←日本酒
水
山形正宗
奈良萬《ならまん》
木戸泉《きどいずみ》アフス
(立体で体積は同じ 普通の水は円柱)
ちょ 超能力か?

特徴のある
お酒は上面が
角ばっています
山形正宗
甘味
苦味
旨味
香り
コク
その他
水の感じと酸味
へー
バランスが
いいと丸く
なります
カキカキ
ちなみに
形として
バランスが
いいのは…
喜久酔《きくよい》
ほー
面白いこと
言うね!!
超能力じゃ
ないんだな
ちゃんと
お酒の勉強も
してるんだ!!
明日は
お手伝い
させてください
朝早いよ
大丈夫です
栃木仕込み
です
現在
特徴のある
山形正宗は
GEM by motoの
重要なラインナップに
加わり
個性（クセがスゴイ）の
ある水戸部さんとも
仲良しです
いや僕は
普通でしょ

仙禽《せんきん》いただきました封開けです
おおー
やったー
ぺりりり…
山廃
仙禽 山廃
亀の尾
ひえっ
ボン
びっくりしたー
シャンパンみたい
ひぃいいいいっ
爆発したーーーっ!!
もしもし仙禽さんですか?
日本酒スタンド酛の千葉と申しますが…
あ〜の〜そちらのお酒が爆発したんです〜〜〜〜
ぶるぶる
それは瓶がわれて爆発したんですか?
中からお酒が吹き出したんですか?
割れてませんお酒も出てません
栓が吹き飛んだだけです…
しーーん
それだけ?
それだけですけど今まではこんなことなかったんですよー

それは
うちのお酒では
たまにあること
なんですよ
うちのお酒は
袋しぼりで
同じものでも
「あらばしり」
「なかどり」
「せめ」と
3種類の
酒質の部分を
別々に保存してます
あらばしり……
ガス…
今 出てるお酒は
「あらばしり」で
澱が少し含まれた
元気な部分
だったので
発酵由来のガスが
気化して栓を
押し上げたんです
図解説明
もろみ
(お酒のもと)
を袋づめして
槽《ふね》という
桶《おけ》にならべ
圧をかけ
濾《こ》す
最初に勝手に
出てくるのが
「あらばしり」
もろみ
袋
圧力
少し濁っている→
原酒
槽
圧をかけて
出てくる
のが
「なかどり」
出が鈍く
なってから
さらに
圧をかけて
出すのが
「せめ」
濁ってない→
圧力
圧力
お米の糖が
発酵して
アルコールと
二酸化炭素に
なるので
澱《おり》
(酒の中の酒粕)の
糖で発酵が進み
ガス
(二酸化炭素)が
うまれる
ガスが
たまる
CO_2
澱
ありがとう
ございます
よくわかり
ました
わかりやすい!!
麻里絵さん
でしょ?
ツイッター
見てますよ
えっ!?

なんなら今度
蔵に来なよ
見せてあげる
から
薄井一樹
株式会社せんきん
11代目蔵元
えーーっ
いいんです
かーーー？
いろいろ
教えて
くれそう
ーー♡
いっ
行こうか
なー
酒蔵の人って
怖いんだった
クール鬼
小林
鳳凰美田
山形正宗
ケンカ腰
水戸部
と当時は
思っていました…
でも 思い切って
栃木の仙禽に行ってみた…
いらっしゃい
この人
優しい!!
ほっ
うちのお酒は
よく甘酸っぱいって
言われるんだけど
なんでかわかる？
ん？
おもしろいこと
したいから？

日本酒と言ったら和食のイメージだけど
日本でもイタリアンとかフレンチとか海外の料理が増えてるよね
洋食だと肉に負けない酸のあるワインが飲まれる
けど僕は日本酒でそれができるように造ってます
料理に合わせて…
お酒を造る…
ウロコ
そうか…お酒と料理を合わせることも考えなくちゃ
後に聞いた話ですが仙禽では電話番の人がいるのでかかってきた電話に薄井一樹さんが出ることは99.9％ないそうです
専務何してるの？
電話が鳴っててさー
これも何かのお導きだったのでしょう

私が小林酒造に通い始めた頃の新宿では
立ち飲みスタイルの日本酒専門酒場が徐々に浸透しつつあったが…
客足はまだまだだった
日本酒スタンド
酛
moto
仙禽とポテトサラダをくださいい
そんなある日その男は現れた
はい
あと何品かお薦めのツマミとお酒を それに合わせて
冷たくても温かくてもいいです
かしこまりました
!
まだペアリングなどという言葉が語られる以前のこと
さて…どうしようか
手強いお客様が来た!!
新政のお酒ある?
扱ってません
好みではなく料理にお酒をベストマッチさせるという飲み方はまれでした
となりの秋田料理の店は?
つぶれました

仙禽のドルチェブーケです
以前から なんとなく食事にお酒を合わせるというのをやっていたので……
今日はコレ焼くから
あのお酒にしよう
ポテトサラダです
どうなんだろう!? すごく気になる
即興で合わせてみました
ポテサラには東北泉《とうほくいずみ》の雄町を燗で試してください
この人…どこかで見た気がするけど…そんなことより
美味しいのかな? 楽しんでるかな? 気に入ってくれてるかな?
三重錦《みえにしき》の古酒です ちょこっと温めました
いつもより深い酒器で
ほお
あなた お料理の合わせ方や間の取り方は誰かに習ったの?
いえ… 誰にも…

すごく楽しかった
あぁ これ!!
この言葉が聞きたくてこの仕事してるんだった
しかも細かいところまでみてくれたーー
多田天使
ごちそうさままたくるね!!
名刺
雑誌に出てる有名な人だっ!!
多田正樹
2015年12月25日
千葉ちゃんのクリスマス限定のお酒が飲みたくなってさー
あっ多田さん!!
サンタさんよりドキドキする
まだまだめっちゃ緊張です
ごちそうさま
今日は楽しんでもらえたかな?

ありがとうございました
千葉ちゃん
もう俺に頭下げないでよ
僕はこれからも和食の世界でお酒のペアリングを進める
日本でね
えっ
あなたはもっとチャレンジし続けて世界を目指してください
新しいことをすると批判されるだろうけど自信を持ってやるといいよ
僕が業界にいる限り全力でサポートする
多田さんの言葉で今の私があると言っても過言ではありません
多田さん…今日 最後にお出しした酒器は
あなたはそれが出来る人だから
新宿に初めて来てくださった時に出した器ですよ
気がついたかな

初期の酒蔵見学 山形正宗

電話でのやり取りや、周囲の人の会話から少し怖いと思っていたので、水戸部さんにはビビりながら会いに行きました。右も左も分からなかった私は、酒造りの忙しい時期にどう振る舞ったらいいのか？　そして質問も、何が失礼に当たらないかと色々考え過ぎていました。そんなことを考えているうちに蔵のお手伝いをすることに……。内容は蒸したお米を放冷機で乾かしてそのお米をタンクまで走って運ぶという作業でした。

現場はとても神聖で空気もピーンと張り詰めていて息をするのも気を使うほど、色々な考えは吹き飛んで酒造りをしている方への敬意と自然の恵に対する感謝の気持ちが感情をはねのけて湧いてきました。1日の作業のほんの一瞬の出来事ですが「酒造りすごい!!」と感じました。そんな経験から水戸部さんには正直に自分の感じたこと、未熟なところも話すと、水戸部さんも飲食の現場の考えを質問してくるような間柄になれました。

「昔は尖ってたからなーっ、俺」と今では笑いながら話してくれますが、まっすぐな性格は今も変わりません。面白い角度から物事を考える姿勢もお会いするたびに刺激をいただきます。これからもこの出会いと思い出、山形正宗というお酒を大切にしていきたいと思います。

衝撃的でドキドキした 仙禽の味

転職して日本酒の仕事に就いた頃の私は、何もかもが新鮮で学びの多い時期でした。蔵見学や日本酒を扱っている飲食店に行き、日本酒に携わるたくさんの方と出会い、ますます日本酒が好きになりました。当時の仙禽のお酒は、甘酸っぱい味と言っていましたが本当にその味は衝撃的でドキドキしました。米にこんなに味わいのバリエーションがあるんだということが飲み込めなくて、好奇心を持ったのが薄井さんとの出会いのきっかけになりました。薄井さんは雲の上の存在で、私の知らない世界の料理と日本酒の相性、酸味の種類、温度帯でも日本酒は表情を変えることを真剣なキラキラした目で語ってくれました。無名の私をたぶん調べてくれたのだと思うのですが「知ってますよ、まりえさん」と言ってくれたので、まんまとその優しさに甘えて、質問をし続けた私に、すべて丁寧に答えてくれました。高度過ぎて私の頭と経験ではまだ理解できなかったので、いつか薄井さんが思ってることを理解して私の言葉で話せるようになりたいと、単純に思ったのを覚えています。優しく伝えてくれたことがそのときの私には逆に刺さりました。薄井さんは私に色んなことを教えてくれているだけで、私の話には興味がないのだろうなって(笑)。

私がダメなときも良いときも、嬉しい言葉もキツい言葉も投げてくれる、オリジナルのお酒も造ってもらえるような関係性になりましたが高度な話についていけるよう、まだまだ精進したいと思います。

山形正宗　純米吟醸　稲造

醸造元／株式会社水戸部酒造（山形県）

2001年から始めた、自社田で育てた山田錦を使用して秋口に出荷される季節商品です。美味しい食べ物に寄り添うように考えられたお酒造りがされているとのこと。熟成して翌年以降に飲んでも格別だとか。お燗して飲むと、なんともいえないほどいいです。

麻里絵ポイント　森の中で白樺の樹液を飲んだ経験のある私は、このお酒を口に含んだ瞬間、木の柔らかく包み込むような温もりと安心感のあるテクスチャーに共通するものを感じました。どこか懐かしさを感じる風景を思い出します。素朴な味わいと優しさのあとにくる、スパンと芯のあるキレ味が魅力です。お出汁をすすりながらの相性は無限ループ!　ずっと変わらない唯一無二の存在です。

仙禽（せんきん）　Dolce Rosso

醸造元／株式会社せんきん（栃木県）

ワイン酵母で醸された日本酒です。パリの春「踊り出すタマシイ」というタイトルが付けられ、明るく楽しいラベルが目をひきます。フルーティーでスパイシーな味わいは、赤ワインのようにモダンです。

麻里絵ポイント　フランス・ボルドーのワイン酵母培養所より依頼されて醸造したドルチェシリーズ。本場フランスの高酸度な酒質は他に類を見ないテクスチャー。日本酒と違い、高温で発酵するワイン酵母は強く生命力にあふれています。エネルギッシュでジューシー、往年の仙禽らしい「甘酸っぱさ」を表現しています。従来の日本酒ではカバーしきれない油脂分や肉料理にもフィットする酸味は、洋食の調味料や食材に調和し共鳴していきます。

店主　多田正樹

蒼穹（そうきゅう）

作者・千葉麻里絵さんが尊敬する先輩である多田正樹さんのお店。

JR飯田橋駅や最寄りの地下鉄から7〜9分ほど。大人の街、神楽坂に似合う落ち着いた和風の店構えで、コース料理と日本酒をメインにした堅苦しくない小料理屋です。絶妙なお酒の温度と料理のマリアージュに誰もが驚きと感動を味わうことが出来るでしょう。店主の丁寧な日本酒愛が感じられ、静かに流れるような美しい時間をお楽しみいただけます。

〒162-0825 東京都 新宿区 神楽坂5丁目7番地
電話：03-6265-0958
17:00〜23:30（最終入店）
日曜・祝日定休

思い出の酒器

やっと銘柄ごとに
お酒の説明が
できるように
なった頃
お客様から
フルーティーな
お酒を…
サッパリ
したのが
ほしい
スッキリ
した
酒ある?
濃い
やつ
はい
もん
もん
もん
もん
感覚的すぎて
わからない!!
どういうお酒を
出せば
お客様の
「正解」なのか!?
そこで
他の
飲食店に
偵察に行く
ことに…
サッパリして
香りのいい
お酒ください
はいっ!!
サッパリの
お薦めです
ねっ!!
サッパリ
……
かな?
何軒か
回ってわかったのは
たいていのお店が
店主の好みの
「お薦め」を
出すのであって
お客の好みを
推察してお酒を
決めてるわけ
ではなかった
うまいよ
大将!!
だしょ!?
希望通りの
お酒を出してくれる
店もあったが
どこも大ベテランの
店員がいる有名店

今すぐ対応したいのに…
キャリアを積んで長年の経験とカンに頼るしかないのかな…
あなたはコレね
酒魔女 麻里絵
モヤモヤモヤモヤ
悩んでた頃
なんで日本酒にメロンとかバナナみたいな香りがするの？
詳しそうな人
それは
酢酸イソアミルやカプロン酸エチルのせいだね
$C_8H_{16}O_2$
え!?
お酒の中の成分？
はっ!
秋田地方の仏
気がつきましたか
私は理系女子だった!!
そうだよ化学でいけばいいんじゃない
その後「官能評価」というものがあることを知る
簡単に言うと食品の評価を人間の五感で感じて評価すること
さらに ものすごく大ざっぱに言うと
匂いを嗅いで中にどんな成分があるかつきとめる能力
超能力ではない
くんくん

味覚は人それぞれで違うので自分の味覚で判断するより成分を知って化学的に味を想像する方が正しい判断ができるはず
しぶい
やや酸味
辛い
甘め
A酒
清酒官能評価セミナーで勉強してみた
性に合っていたのかなかなか自分は優秀だった
TAIKO STAMP!!
優秀
優秀!!
成分の組み合わせでなんとなくどんな味かつかめるようになって
お客様の注文に応えられるようになった頃から
すっきり
濃いめ
新宿スタンド酛では銘柄ではなくフィーリングで注文するお客様が急増していった
香り強め
キレがいい酒

化学的なアプローチで
お酒を薦める経験を
積むうちに あることに気づいた
すごーい 麻里絵さん
なんで私の 飲みたいお酒が わかるの？
ほんと!! 今日は このお酒!! ってね
そうだ
私はお酒の医者に なればいいんだ
患者の症状を 聞いて最適な 治療と薬の 処方…
SAKE Dr. Marie Chiba
今日はどう しました？
お客様の希望を しっかり聞いて 最適なお酒を頭の中の 酒カルテから処方して出す
今日はこんな 気分
それでは貴を 飲むといいね
お客様から「うまいね この酒」と言われる 酒の名医を目指そう
現在 GEM by motoに 来る常連客は ほぼ銘柄での注文は しません
初めての お客様は 好みを伝えて 出てきたお酒の 感想を言ううちに バッチリの好みを 見つけられるでしょう

新宿　3年目
化学的アプローチでお酒をお薦めし始めてとにかく相談している人がいる
秋田の代表清酒
新政
アラマサ
新政酒造株式会社
それは新政《あらまさ》酒造の佐藤祐輔さんだ
なぜならすでに清酒専門評価者(官能評価の専門家)の合格者だから
佐藤祐輔
本に載っていないことや蔵見学で実際に見てわからない専門的なことを
豊富な知識と経験から教えてもらえる尊敬できる人だ
日本酒を極めるためには化学的なことは必要だねあと歴史も
そしてまずやるべきことは
最先端のことを調べつくす!!
うむ
何度も酒を飲みかわし話し合っていた
そして蔵見学で秋田にうかがった時一緒に飲んだお店で運命のお酒に出会った
ウッディな香りがいいね
めっちゃ美味しい!!
ザワッとする何これ!?
満寿泉《ますいずみ》アンリ・ジロー2003
(オーク樽熟成)

とっても美味しいけど今の
日本酒業界ではこういう
お酒はダメだって言われるよ
なんでだと思う?
木の香りはオフフレーバーって言われてるから?
そう 4VGと言って
お酒に適さない香り
(オフフレーバー)と
いうのがあって
4VGがあると
お酒として
良い評価を
されないんだ
お酒の評価は
減点法で決めるから
香りでダメって
レッテルを貼られる
すると悪い酒という
印象までもたれちゃう
えー!? 私これ好きなのに
星1ヶ?
A酒
おかしいと思わない?
わざと出している香りは
許してほしいよね
もともと日本人は
木の香りに癒される
のだから
はーゴクラクゴクラク
檜風呂
その後
私達は「ゆきの美人」の
小林さんも交えて満寿泉の
垂直飲み(同じ酒を年代別に
飲み比べること)をしてみた
ゆきの美人 小林忠彦
オーク樽に入れると熟成が進んでも面白い!!
これをきっかけに
新政はオーク樽を
購入することに…

次に2013年から新政は木桶仕込みをスタート
江戸時代の製法生酛造りと木桶を積極的に進め始めた
2015年恵比寿 GEM by moto を開店すると決めた時も佐藤さんに相談した
これからはこのサイズ
そこで始めたのが四合瓶がメインのサービス
鮮度を良い状態に保ちやすいという利点とゆくゆくはどの家庭の冷蔵庫にも日本酒が入れられるよう広まってほしいという思いがあるから
新政でも現在は四合瓶メインの製造販売に切り替わっています
日本酒は戦後ずっと誤解されてきた
日本酒通
こんな香りはダメだね
評論家
高級酒なんだから冷酒で飲むべきザンス
大吟ジョー
NO!!
飲食店
生酒を燗するなんてもったいない
酒屋
○○は辛口で◇◇の酒は甘口だから……
業界が変な常識を広めている

しかし!! これからは「ただ美味しければいい」という時代は終わる!!
はっ
美味しい酒に出会ったらどんな地方で どんな人が造っていてなんで美味しいのか
カルチャーを絡めて背景を論じて楽しまなければもったいない!!
それをお客様に伝える存在として酒販店や飲食店が重要になってくる
moto
麻里絵さんには新感覚でお酒の可能性を広げてほしい
それは造り手にはできないことなんだ
造り手の僕達はまず哲学を持ってトレンドではなく世の中にどう影響を与えるかその中で何を大事にするか考えて酒と向き合い仕事をしていくよ
日本酒業界にとっても心強いなァ
この人の存在
そして新政の思いを伝え可能性を広げるためGEM by motoでは飲食店で唯一
新政のプライベートブランドのお酒を提供しています

佐藤さんは日本酒の酒造りを超えたアーティストだと思う

出会いは7年前。当時、働いていた新宿スタンド酛に来ていただいたのが初めてでした。その頃の私は蔵見学に行き始め、日本酒のことを少しずつ理解しようとしている最中で、色々なことに興味や疑問が湧き、今までにない視点で日本酒の未来を観ている佐藤さんに興味津々でした。

私自身が飲食店ではあまりないやり方の化学的根拠で日本酒のことを分析しようとしていて、ほとんど質問ができる人がいない中、佐藤さんは丁寧に教えてくださいました。まだない新しい日本酒の造り方だったり、香りのこと、化学的なこと以外にもその蔵のストーリーの重要性、空間デザイン、歴史のことなどたくさんのことを話してくれました。また同時に、未来のこと、温故知新の大切さも教えていただきました。今でも新しいことにチャレンジするときは必ず何か言ってくれます。

新政が四合瓶の先駆けの蔵元であることも、今のＧＥＭ ｂｙ ｍｏｔｏでの四合瓶専門による取り扱いの励みになりました。私が日本酒をプロとしてお客様に伝えて、これからもチャレンジし続けるためには佐藤さんの存在は重要だと感じています。同じ時代に佐藤さんが日本酒業界にいることを誇りに思います。日本酒を未来に残していくためというシンプルな志を共有しているのだと思っています。

「麻里絵さんはやりたいことをどんどんやったほうがいい！ 誰もやったことがないことを人が批判することのほうが、ナンセンス。僕は日本で一番失敗している蔵元だよ。」という言葉に励まされて生きてます。

新政　亜麻猫 スパーク

醸造元／新政酒造株式会社（秋田県）

比較的酸味が強く、瓶内二次発酵により自然な発泡を生み出した活性にごり酒です。その個性的な酸味は焼酎用麹（白麹）を使っているためだとか。和食に限らず、どんな料理にも合う存在です。季節は選びませんが特に夏場に飲むとたまりません。亜麻猫には、活性してない別バージョンもあります。

麻里絵ポイント シュワシュワのガス感が元気なので開けるときにちょっぴり手こずるのもご愛嬌。食欲を刺激するガス感とピンクグレープフルーツのようなキュートな果実感が口の中に広がります。あとから、あれ？ これって本当に日本酒なの？ という疑問が美味しさの中をよぎる新政の最先端な造りです。日本酒好きな方にはもちろん、ビギナーの方に特にオススメ!

dot SAKE project Vol.1（ゴリさんラベル）

醸造元／株式会社永山本家酒造場（山口県）

千葉麻里絵と全国の酒蔵さんと仲間たちがタッグを組んで、新しい楽しみ方を提案するという発想から生まれました。

麻里絵ポイント
「日本酒はもっと自由に楽しまれるべきだ」という想いのもと、記念すべき1本目は、「ゴリさん」こと杜氏 永山貴博と、私が設計。外でお日様を浴びながら、または満天の星空を眺めながら、氷を浮かべて飲むもよし、ライムを絞って飲むもよし。このお酒で固定概念を打ち壊して、新しい味わいに酔いしれてください。スマホを片手にQRコードを読み込むと、酒造りの風景や造り手さんのトークが画面に現れます。そんな映像を観ながら飲む楽しみ方も新しい。あなたの“SAKEスイッチ”を押しちゃいます！

dot SAKE project Vol.2（大盛りラベル）

醸造元／曙酒造合資会社（福島県）

第2弾は『天明』を醸す福島県会津坂下町の酒蔵。

麻里絵ポイント
酒販店の秋山さんの紹介で初めてご飯を食べに行った時、製造責任者・鈴木孝市さんは焼肉屋で美味しそうに大盛りライスを食べていました。そのイメージが忘れられないのと、そもそも日本酒はお米から出来てるといったホントにシンプルな気持ちでこのお酒を世に出しました。生酛造りで米を丁寧に洗い、極力アミノ酸を抑えて旨味を出し過ぎず控えめに。喉に伝わる特有の〝ごく味〟（味の種類が豊富でバランスのいい状態の味）で食欲をかきたてる余白が生まれます。絹のような繊細さを持ち合わせながらも、丁寧な仕事の積み重ねから生まれた力強さも兼ね備えた作品です。

白玉香（はくぎょくこう）　山廃純米無濾過生原酒

醸造元／木戸泉酒造株式会社（千葉県）

山田錦100％使用で高温山廃酒母仕込みの自然醸造です。喉越しの良さと酔い醒めの爽やかさを楽しめます。和洋中どの料理にも合う抜群の安定感。燗をつけた時の万能感も驚きです！

麻里絵ポイント
米の甘みと木戸泉さん特有の食欲をそそる酸味のバランスが絶妙です。GEM by motoで燗酒として、もはや無くてはならない存在になっています。生酒を燗酒にするときにどうやったらもっと美味しくなるのか向き合っていたとき、このお酒に出会って生酒の熟成と燗酒の魅力に気がつきました。熟成した生酒の時間軸による旨味、複雑な香りを燗にすることでどう料理するか…ワクワクしたお酒です。温めると上質なお出汁を飲んでいるような感覚になります。オススメです。

試飲会とお燗酒

↑山形正宗　↑鳳凰美田

ちょっと
麻里絵
面白い人が
来てるから
紹介したいん
だけど
ヤジー
すくいの神
ちぇ
山口県宇部市で
「貴《たか》」という日本酒を
造っている
貴
長州
永山貴博と
申します
気軽に
ゴリさんと
呼んでください
ゴリ…!?
ゴリラなの?
新宿の
日本酒スタンド
酛の千葉と
申します
よろしく
お願いします
で!?
新宿では
どんなお酒が
人気ですか?
○○とか
△△とか…
あの酒米は
あそこの
造りは
この酒蔵は
あの店は
情報
すごい情報量

情報
情報
情報
情報
情報
がーんばーれーよ〜〜〜
そして変わった人だった
メモしておこう
そんなわけで蔵見学に行こうと思った永山本家酒造場へ
変わった人が造るのだからさぞや変わったお酒があるのかと思っていたら
すごい建物
意外!!
シンプルだけど芯がある素朴で派手じゃない美味しいお酒だ
うちは特級の食中酒を目指しているからね
真面目なお酒だ!!

山口には西都《さいと》の雫《しずく》という酒米があって
ジョン・ゴンドナーさんが
こんな真面目なお酒を造っているのが この人なんだ!!
料理は
飲食店が
永山さん!! 兄貴と呼ばせてくださいっ
おっ!!
お酒はどんな人が造ってるかが大事なんだ……
じゃあ オレは君を麻里モッコリと呼ぼう
……モッコリ?
そんなこんなで２０１８年 ひとりでも多くの人に日本酒を好きになってもらうプロジェクトで最初にタッグを組んでお酒造りをさせていただきました
dot SAKE project Vol. 1
ゴリだけに…
ゴリさんラベル!

千葉県で開かれた
試飲会では 実は
こんなことも ありました
賀茂金秀
ヤジー
あのオーラの
すごい人は
誰？
はい はい
こちらは
広島県の
金光酒造さん
初めまして
千葉麻里絵と
申します
初めまして
金光です
賀茂金秀《かもきんしゅう》の
お酒って 春の
若草のような
独特の香りが
しますよね
………
な 何か
イケナイこと
言ったかな
あれ？
どうしたのかな？
また
あのコ…
大西唯克

後日
金光さんから
メールが届いた
（ツイッターのDM）
わ……
怒りの
メール？
なんという
先日 うちの酒の香り
についてご質問を受
けましたので、お答え
いたします。
当蔵の酒はガス感があ
り、なぜかというと
丁寧な説明!!
矢島さんからご紹介いた
だいたので、ぜひ一度
蔵にお越しください。
そして
優しい!?
やって来ました
広島県
金光酒造合資会社
もちろん
行く
蔵を案内して
もらう
ネコ…
幸《コウ》ちゃん
こちらは
瓶燗《びんかん》火入れ
なんですね？
そう
でも 火入れ
と言うけど
本当は温めるより
冷やすほうが大事
なんだよ

お酒は急速に冷やすと美味しくなるんだ
へーー
あっ
日本酒スタンド
酛
moto
閉店後
ということは…
瓶燗される前のお酒は生酒だから………
生酒を温めて急冷したのとしないのでは
氷水
風味がすごく違うのかな?
違う!!
moto
麻里絵のお燗ワンポイント講座
日本酒を温める利点
1. 風味がまろやかになる
2. 酒質がのびる
3. 香りや酸味が調整できる
幅広い温度帯で合わせることができるので
様々なジャンルの料理にマッチさせられる

数日後…
おうっ なんかお燗つけてよ
は はいっ
生酒
ラッパー?
え───っ 生酒を燗にするの!? そんなの聞いたことないよ!!
もったいねー
はい 大丈夫です
どうぞ
どうなのよ───…
………
うまい!! なんで!?
冷酒だと……
うちにあるお酒と同じ味だ…
なんで生酒で? どうやったの?
これが実はですね……
にゃ….

燗をして生酒の
風味が変わる…
これは蔵元さんが
やっている瓶燗火入れを
ヒントに自分なりに
研究した結果です
賀茂金秀
金光秀起
賀茂金秀さんでは
火入れは 温めた後で
急冷したほうが
味わいが保てると
聞きました
へぇ!?
それで
それで!?
ガタ
例えば50℃位が
美味しくなる お酒の場合は
52℃まで上げたのちに
48℃位まで
冷ましてから
50℃位まで
また上げます
moto
上げて下げて
また上げると
生酒は味わいが
しまるんです
すすす
moto
52℃
50℃
48℃
good
酒
うそ——
温度なんて
見てないじゃん
今の数字は
「例えばの話」で
基本的には
香りで温度を
決めています
くんくん
香りで
わかるの!?
moto

温度を上げて香りを嗅いでいると
聞こえる
急冷して〜 今よ 今〜
美味しいよ〜
サササッ
超能力か!?
そして最後は適温に戻す
よしよし
最高だよ〜
なんで最後に戻すの？
※イメージです。
いったん下げて最後に温めたほうが美味しさが長続きします
ほお
●風船で例えると
冷ましたまま
旨味の素
早く抜ける
冷まして温める
旨味の素
ゆっくり抜ける
ここがしまる！
って…やけに詳しく聞いてきますが同業者のかたですか？

料理人をしています
「あこや」という貝料理専門店です
延《のぶ》田《た》然圭《よんぎゅ》
KAI
日本酒も出しているんですがそっちはプロじゃないんで
興味があって
行ってみたい…
ぜひ来てくださいよ！
あこや
貝マスターって呼ばれる専門家なんですね
ビックリ!!
そんなに大層な者じゃないよ～
今日は楽しんでいってね！
ドン!!
うまい～!!
フレッシュ
どう？日本酒にあうかな？
プロの意見を聞かせてよ

和食ベースなんで合いますね〜
うま
うま
でも
最近のお酒は甘味や酸味の味わいが多様化しているので新鮮な貝の素材を楽しむなら
ハーブとか果物とかを料理に足すと日本酒との接着剤になると思うんです
なるほどね…
プロが言うことは面白いね！ ちょっと考えてみる…
それ以来パクチーなどが苦手だった延田さんがハーブ系も食べられるようになり
「あこや」のメニューには果物が使われる料理も登場するようになりました
そして今ではGEM by motoの料理やお酒の評価を聞ける大切なお友達になってくれました

大津流杜氏　永山貴博

ゴリさんという有名人がいるらしいことを、日本酒ファンから聞いていました。当時は、日本酒業界のことを知りたいという熱い気持ちがありながら、業界用語も分からず知らないことばかりでとても悔しい思いをしていたときです。

実際にその人に会ってみたら、ただの日本酒が好き！　っていう飲食店の従業員の私に、こういうことはこれから知っておいたほうがいいよといったヒントを何個も教えてくれました。すぐにファンになってしまったことを思い出します。

今では、お兄さんのように酒造り以外のことも相談に乗ってくれて、朝まで語り合ったこともたびたび。ここまで来られたのも貴さんのおかげであると感謝しています。

いつもみんなに笑顔を絶やさず明るく、そして実はとても繊細で細かなところも気がつく優しい人。そのような人柄がお酒にも出ていると感じています。

心に残る、美味しいを求めて

7年前の私は、大好きな賀茂金秀のお酒を造っている方に会う機会があればたくさん話を聞いてみよう！と思っていました。いざ意気込んで試飲会に行くと、初めて会った金光秀起さんのただならぬオーラに圧倒されるばかりで、緊張し過ぎてほとんど話すことが出来なかったことを思い出します。

賀茂金秀の堂々とした、一本筋の通った味わいの中に見え隠れする優しさはどこから来ているのだろう？　という私の疑問はその後、金光さんが照れ屋で口下手でまっすぐな性格であることを知り、お酒には造っている人の人柄が出るんだと実感し納得しました。賀茂金秀の味には金光さんの品格そのものが出ているのでしょう。

金光さんは、酒造りのときは眼光が鋭く、近寄りがたい威圧感がありますが、酒造りが終わると、可愛い猫の写真を見せてくれるようなお茶目な一面もあります。あまり書かないでって言われそうですが（笑）。賀茂金秀、素敵なお酒なのでぜひ飲んでいただきたいです。

賀茂金秀　特別純米酒13

醸造元／金光酒造合資会社（広島県）

アルコール分が13度のため低アルという分類にあたる日本酒です。これはワインのアルコール度に近く爽やかでジューシーなため、ワインのようだと表現されることが多いのですが、まぎれもない日本酒の原酒で、日本酒の凄さや美味しさを実感させてくれる貴重なお酒です。

麻里絵ポイント　シュワ旨～!!
飲んだ瞬間に訪れる爽やかなガス感が心地よく、喉越しも綺麗です。
お米の艶っぽい甘さをシャープな酸味で軽く仕上げています。さらにアルコール度数も低いので、仲間でボトル飲みしたくなるような、デイリーなお酒。杜氏、金光さんの渾身の1本をお楽しみください。

焼貝　あこや

店主　延田然圭

JR恵比寿駅より約2分。広いカウンターのある落ち着いた雰囲気の店内は毎夜満席になり、賑やかな声に包まれます。素材は実際に足を運んだ市場や漁港から仕入れ、冷凍ものや加工されたものは使わないので常に新鮮！素材もお酒も、それぞれのストーリーにこだわり美味しいの先を楽しめる幸せなお店です。

麻里絵ポイント　店主の延田然圭さんとは新宿の頃からのお付き合いで、日本酒のこと料理のこと食文化のことなどをいつも話し、一緒に勉強している仲間です。プライベートでも、とてもお世話になってる先輩ですが…あるコラボイベントのとき。真夜中まで利き酒をする日が続き、とうとうお酒が喋ってる声を聞くという体験をしてしまいこれはやり過ぎた「どうしよう?」と延田さんに電話をすると、深夜なのに高円寺から恵比寿までタクシーで駆けつけてくれたということもありました。見た目とは違う男前な優しい心の持ち主です（笑）。とことんの「美味しい」を追求し、新しいことはどんどん学びたいという姿勢にいつも共感しています。これからもお互いを刺激し合える仲間でいてください。

〒150-0022　東京都渋谷区
恵比寿南1-4-4
電話：03-6451-2467
18:00～24:00　不定休

矢島酒店主催の試飲会のあと様々な蔵元さんとの出会いがあった
そして而今《じこん》の大西唯克さん
君 目立ってたよ
蔵見学で木屋正酒造合資会社に行ったとき
而今
食品会社出身の大西さんと化学的な話で盛り上がり意気投合
先生と呼ばせてください
それ以来「大西先生」と呼んでいる
日本酒スタンド酛が3年・5年と周年のパーティーが開けるほどお客様や関係者にブランド認知された頃
私は日本酒の勉強にのめりこんでいた
果てしない………
SAKE
食品
化学
医学
その頃 私の相談にのってくれていたのが
新政の佐藤祐輔さんと
大西唯克さん
そして話の中心は………

日本酒のオフフレーバー（4VG）に関して
なんでこんな香りがでるのかな
やっぱりオフフレーバーは無いほうがいい！
私もそう思います
業界的には無いほうがいいとは思うけど 料理と合わせる時の引っ掛かりになるし
奥行きが出ていいんじゃないの？
えっ!? オフフレーバーダメって言ってたじゃん
うらぎり者っ!!
誰か このフレーバー無くす研究してないんスか!?
そもそも何が原因かは化学的にわかってないから
むむむ
でも焼酎や泡盛の古酒ではあえてオフフレーバー系のバニリンを出そうとする研究はされてるよ
あえて出す!?
そんな研究してんのか〜
ゆるさん
而今のお酒はオフフレーバーなんてほぼ無いじゃん
そんなにいからなくても
乗り越えるべき課題は常にある!!
そうだー理系なめんなーー
えーーー!?なんだよう

日本酒スタンド酛
記念パーティー
本日は ありがとう ございます
川鶴 川人裕一郎
平井社長
鳳凰美田 小林正樹
仙禽 薄井一樹
而今 大西唯克(半袖シャツ・ジーンズ)
麻里絵
ヒソヒソ
はい?
利き酒 してよ
えっ⁉ ここで⁉
どう? あの香り 出てる?
酛は日本酒 初心者の人が…
貴 永山貴博
気軽に飲みに
こられる場所として…
……
消えてると 思います
ホント? ちゃんと 利いた?
天明 鈴木孝市
萩乃露 福井毅
やったー
シーーー

それでは木屋正酒造の大西様にもご祝辞を賜りたいと存じます
えっ
え〜
麻里絵さんと話していて
ついに麹室にオゾン装置を入れました
何!?
イヤイヤイヤ……
それ祝辞とちがう
これで格段に酒質があがります!
まあ……
ポカーーーン
うまくなるのか
そして現在
今はむしろオフフレーバー少々欲しいくらいですね
なんか〜体臭も含めて受け入れるのが愛なのかな♡
うらぎり者ーーっ
私は完成度をたかめるぞっ!!
空気は読めないが違いがわかる男 大西唯克は生酛造りにもチャレンジするのだった……

新宿3年目
お店が評判になりつつあった頃
お酒のことは麻里絵に全てまかせるから
はいっっ!!
島田店長（現・know by moto 店長）
日本酒 初心者の若い女性に優しいお店にしよう
女性がひとりでも気軽に入れるお店を目指すのだ!!
イチゲンさん大歓迎!!
理想。
しかし 現実は…
業界関係者と古くからの日本酒好きが多くをしめ……
うんちくちく
……
うんちく
オレあそこの杜氏と友だち
うんうんちく
自慢
なんか空気悪いね
出ようか
まにまに
まにまに
まにまに
マニアック
いかん これは何とかしなければ!!
あっ これ私好き!!
ああ それねェ 去年のほうがウマかったんだよ
A酒
今年の新酒はいかがですか？
今年のはねェ〜〜〜
ああ…ねェ
そ、そうなの？

なんか妙に甘くなっちゃってイマイチだね
舌が肥えちゃってさー
そういう時は味の濃いお料理と一緒に楽しむといいんですよ
これつまんで飲んでみてください
ナメロウ
えーどうかな
あ
合う
うまーナニコレ
お酒は発酵で造られる生き物
お米と水からできているので天候の変化で
毎年味が変わります
だから全く同じお酒は造れないんですよね
そういえば新婚の杜氏さんがボーッとして櫂《かい》入れしすぎてあま〜いお酒ができた
なんて話もあります
ゆあー繊細なんですねェおもしろーい
ふーん
お姉さん新政飲んでるんだ昔ながらのお酒だから飲みづらいでしょ
えっ!?
そ そうかなァ
昔の新政のことですか〜!?
昔のことは知りませんが今はすごく美味しいですよ
ちょっと試飲してみません?
いろんな料理とも合いますよ
ふんどーせ!!
うまーい

香りがおかしい
この生酒半年も過ぎてるじゃん 老《ひね》てるんじゃないの？
ほらっ味が変わっちゃって
ササッ
うちも酒屋さんも温度管理しているので老はしてないはずですが
これはイソバレルアルデヒドの香りで生酒の熟成過程で出る香りです
CH3 H H3C O
イ イソバ…？
これを老香《ひねか》とひとくくりにされても…
熟成の味がしませんか？
……
あれ!?
う うま〜い
味の変化も楽しんでくださいね
う うん
へぇ〜!
日本酒って面白いね
ガラッ
コソコソコソ
いろいろな楽しみ方があるんですね

店内では日本酒のネガティブな話が出ないように気を配り
うんちくおじさんから初心者を守り
ササササ…
初
初
うんちく
居心地のいいお店を目指した
業界関係者の難しいオーダーに対抗できるよう日本酒の勉強に熱が入った
結果…日本酒スタンド酛は立ち飲みで大混雑でも
みんなニコニコ笑顔でお酒が飲める
居心地のいいお店になっていった
また来ちゃった♡
写真とっとこ♡

2012年 春
スタンド 酛 moto
2人の男が来店した
アニキ ここです
うむ
いらっしゃいませ
一杯目は どうしましょう
午後3時すぎ
貴を もらおうかな
こいつの酒は まだまだ だな
ですね
うわーーー 苦手なタイプの お客様だよ
貴は 今年は…
田んぼが
平日の昼間から スーツで飲んでんじゃ ねーよ（by若マリエ）
……
午後4時すぎ
こんちわ ーー
安心な お客様 きたー
七本鎗《しちほんやり》↗ 冨田泰伸
あっ 冨田さん いらっしゃい

一杯目
どうします？
麻里絵ちゃん
喜久酔《きくよい》ある？
置いて
ません
会津娘《あいずむすめ》は
ある？
もみ
もみ
ないです
なんで
そんなに
ピンポイントで
聞いてくるん
ですか？
ペコペコペコ
アニキ
……
おっ
えっ!? 何!?
怖い人!?
ヤーさん!?
ヒソヒソヒソ
さっきから
貴のお酒を
「まだまだ」とか
言ってるの
なにいってんの
麻里絵ちゃん!?
喜久酔の青島さんと
会津娘の髙橋さん
やでー
よっ
やっ
喜久酔
青島 孝
会津娘
髙橋 亘
えっ!!
く…蔵元
……さん……
ガクガク

午後5時すぎ
ごちそうさん
気がつきませんで失礼がありましたらお許しください
いやいや
あなたのファンになりました
どういうこと?
その後大阪の「山中酒の店」の井上さんのご紹介で静岡県の青島酒造の蔵見学に行けることに
酒造りは洗いに始まり洗いに終わる
道具を洗い米を洗って酒を造りまた道具を洗う
うちは絞りの袋も水だけで10日かけて香りが無くなるまで洗います
静岡は水が豊富だからねー
シンプルかつ丁寧な造りなんだ余分なものを削ぎ落とした感じだ!!

あの 以前
お店に来て
いただいたの
覚えてますか?
あっ
あれは亘くんの
誘いで…
彼のことは100%
信頼してるから
酒造りが終わると
米作りがあるので
1年で自由になる
期間は1か月も無いんです
だからなかなか
飲食店さんと
直接お会い
できないので
あの時は
特別でした
麻里絵さんが
働く姿を
見ていたら
日本酒に真剣に
向きあっているのが
わかって感心した
いつも
無我夢中で…
失敗も
イロイロ…
だから
ファンに
なったって
言われたんだ
青島さん……
後日談
仕事の姿勢が
気に入ったって
青島さんに
ほめられちゃい
ました
日本酒
会津娘
SAKE
う————ん
麻里絵さんの
ことを気に入ったの
えっ!?
どゆこと??
色白だから
だよー
うん…
だからね…
色白だから
だよ……

大西さんは少年のよう…

而今の大西唯克(ただよし)さんとは、千葉にある酒販店の矢島さんが新宿のお店に初めて連れてきてくれたときからのお付き合いになります。ちゃんと話したのも、このときでした。それから幸運にもメールで相談などさせていただいています。

大西さんは酒蔵に戻る前は食品関係の仕事をしていたので、もともとが理系の人でした。お互いメールが苦手なので、他から見たら何かの暗号かのような断片的なやりとりでしたが、理系という共通点があったので化学的な面で会話のやりとりが出来ています。日本酒についての想いは共通していると思います。

写真　左から 千葉麻里絵、佐藤祐輔、大西唯克。(敬称略)

大西さんは少年のような心と外見を持っていますが、内面は超頑固おやじです。これを成し遂げると決めたら完璧に調べつくして、ひたすらまっすぐです。現状をブラッシュアップすると共に常にチャレンジ精神を秘めています。毎年、蔵に行って大西さんの真摯な酒造りを見ると涙が出ます。この人が造ったお酒を私はちゃんと伝えきれているだろうか? と。そして私はいつも、初心を取り戻させてもらっています。

過去に囚われず、未来にも囚われず、ただ今を精一杯生きる。完璧主義なのに不器用で人間臭い大西さんそのものが而今なのでしょう。

喜び久しく酔える酒

喜久酔の青島孝さんと出会ったあと、蔵見学に行く機会を山中酒の店の井上さんにいただきました。当時、まだ日本酒を勉強したての私にとって青島さんの話はとても新鮮で記憶に残っています。日本酒の学びにおいて技術力や化学的なことだけに走って、初心を忘れかけていた私はこのタイミングで青島さんの話を聞けたことに今でも感謝をしています。

青島さんの「その土地でしかできないこと」、「手造り」、「米作り」の3つに重きを置き人の手の入るところに魂を込め、先達の教えと経験を守り続けながら酒造りをする姿に感銘を受けました。様々な酒造りが可能になってきた今だからこそ、「自分の役割を守る、変えずに続けていく」と言い切る姿勢には敬意と憧れしかありません。青島さんに学んだ続けていくことの大切さを胸に日本酒を伝えていきたいと思っています。

私は自分の中の想いや、やっていることがブレてしまうとき、喜久酔を飲んでまっすぐな気持ちになることができます。

喜久酔　吟醸

醸造元／青島酒造株式会社(静岡県)

上品でほのかな香りがあり、スルスルと優しく飲みやすいキレのいいお酒です。あらゆる料理との相性が良く冷や(常温)くらいまで温度帯が上がったときのポテンシャルはものすごいです。

麻里絵ポイント　日本酒は繊細なので味わいが変わりやすいとは言いますが、不思議なことに喜久酔はいつ飲んでもホッと安心する美味しさが変わりません。余談ですが私も、家に常備しているお酒です。控えめな香りと口に含んだ時のお米から放たれるゆるゆるとした甘味に、私は日本人のアイデンティティを感じます。

会津娘　純米吟醸　羽黒西64

醸造元／髙橋庄作酒造(福島県)

自社田の地番、羽黒西64のお米のみで醸造した限定酒です。豊かな香りがあり、果物のような旨味を一瞬強く感じますがスッキリとした余韻だけを口の中に残すお酒です。様々な料理と相性が良く、飲めば飲むほどその良さに気づかされます。

麻里絵ポイント　パッと口に含んだ瞬間の瑞々しさと刹那感、そのあとはみなさんにお任せしますというような安心感のある味わいが楽しめます。会津娘の髙橋亘(わたる)さんのお酒造りは「お米を考える」ことから始まるそうです。そのため、お酒には必ずお米のビンテージと醸造年度が書かれ、お米の違いとそのお米が作られた時間の流れで味わいの違いを表現することを大切に酒造りがされています。

七本鎗　純米無有火入れ

醸造元／冨田酒造有限會社(滋賀県)

全量農薬不使用米の玉栄で造られたお酒です。無有(むう)とは農薬が無く、新しい価値が有るという気持ちから生まれた名前とのこと。

麻里絵ポイント　武骨な印象があるお酒ですが、何度も何度も杯を重ねていくと繊細なお酒なんだなぁと気づきます。口に含んだときの水由来の柔らかで温かみのある口あたりは飲み手をリラックスさせて、やがて自然とおつまみを欲するモードへ誘います。常温も燗酒もどちらもいいですが、私のオススメはぬるめの燗酒です。お店や、ご自宅でこんな感じかな?　と温めて気軽に楽しんでいただけたらと思います。湯豆腐、里芋の煮っころがし、心がほぐれるおつまみと一緒にぜひどうぞ。

ペアリング

2015年 恵比寿に新店舗を開店することになり 私は店長として お店全体のプロデュースを することになった
日本酒スタンド
酛
moto
コンセプトは 古い日本酒の イメージをぶち壊して 若い女性も喜ぶような 「料理とのペアリング」を 楽しめること
GEM by moto
そこで始まったメニュー開発は……
閃き ファースト
思いつき 先行!!
麻里絵流 料理開発
実は新宿時代も…
CHOCO
チョコレート
桃の香り
肉
で よろしく
当時の料理長 天野直生
ナニソレ… う〜〜〜〜ん…
現・know by moto 料理長
当然GEMでも
馬・種・パクチー
ぶるるる
私は和食の 板前ですよ!?
タネーー!
GEM料理長 深津麻紀

大丈夫!!
根拠あるから
……
日本酒に合う料理に必要なモノ
by 麻里絵
●日本酒に含まれない
香り（ハーブなど）
酸味と甘味（果物など）
スパイス（山椒や胡椒など）
油（オリーブオイルなど）
※あまり精米してないお酒は燗にするとオイリーになることがあります。
これらを組み合わせて料理に足すことで日本酒と合わせたときに第三の風味が現れます
料理と日本酒の組み合わせ
風味 ＝ 酒 ＋ 食感 ＋ 香り ＋ 味
(新しく生まれる味)
ただ美味しいお酒を楽しむだけでなく料理とお酒のペアリングで第三の味を感じてほしいの
なるほど
うま
そして料理と合わせた時のポテンシャルが凄い熟成酒を輝かせたい
マイナス5℃の氷温庫で用意したお酒で「美味しい」の先へいく「楽しい」をつくるお店に育てたい
GEM by motoを代表するペアリングどぶろくとブルーチーズハムカツ
「民宿とおの」のどぶろくとの出会いが生んだものでした

このどぶろくを
お客様にも
味わってほしい…
なんという美味
えー
どぶろく!?
日本酒は
好きだけど…
あの
ドロドロがねェ
SAKE
ネガティブな印象を
持たれがちな
どぶろくをポップな
雰囲気に変えたい
ので……
ヤキトリ
ポテサラ
カラアゲ
チーズ
ナッツ
合わせる料理は
誰でも知ってる
ものにする
合わせたときの
「驚き」が欲しい
ので…
ガス感のある
どぶろくとの
相性がいい
油っこいものが
面白い
なら食感もいい
衣をまとった
揚げ物がいい
衣がある
揚げ物で
ツマミの定番と
言えば…?
ビールに
ハムカツ!!
Sherlock
強い香りと塩味があると
更にマッチするので
ブルーチーズを足して
全体をまとめる
隠し味として
黒ニンニク
口内調味をして
欲しいので
どぶろくは
ソースがわりに
飲んで
くださいね
へー
●味の形
ブルーチーズハムカツ
+
どぶろく
=

※イメージです。

恵比寿に
お店を
開店したためか
GEM
by
moto
近隣の
レストラン関係者や
著名なシェフが
この日本酒の
ペアリングを
面白がって
くれたのは
うれしい驚きでした
面白いねェ!!
ペアリングかぁ!!
ありがとう
ございます
近所のシェフ
この後これを
切っ掛けに
様々な
ジャンルの
料理人さんと
コラボレーション
させていただく
ことになりました
うちの料理とも
合わせてよ
よろこんで!!
Salmon&Trout
森枝 幹シェフ
コラボしたシェフ達
LA BONNE TABLE
中村和成シェフ
Sio
鳥羽周作
シェフ
Ode
生井祐介シェフ
Celaravird
橋本宏一シェフ
そして
すし㐂邑
店主 木村康司
㐂邑

常連のお客様から食事会をやるから来ないかと誘われる
ミシュランの星つきの鮨店さんで熟成鮨が有名なところ
スシLOVE
いきたいですっっ!!
←常連の本田さん
お酒も持ち込めるとのことでどうせなら日本酒で仕切ることにした
お酒 用意しますよ!
10人なら一升瓶8本くらいかな…
やった——
GEM
『すし㐂邑《きむら》』メールでお店に連絡してみた
お酒を送ってもいいですか？
あと燗をつけたいのですが
お酒は大丈夫ですが燗をつける道具はないよ
それでは道具も送らせてもらいます

後日
酒がきた…
ドン!!
手紙か
木村　様
○○は前日に抜栓して冷蔵庫へ
△△は抜栓して常温
□□は抜栓せず常温
その他は全て冷蔵庫へ
よろしくお願いします。
な
なんじゃこりゃーーっ
メニューは事前に聞いていたが「熟成鮨」というものを知らないため当日は1時間前に店へ行って聞いてみることに
初めまして千葉麻里絵と申します
木村ですよろしくお願いします
食べてみる?
えっ!? いいんですか?
どうぞ

熟成鮨か
こりゃウマイ!!
これなら……
このお酒が合うと思うんです
どうぞ
うん
おもしろいな
もう少し酸があってもいいんじゃない？
できますよ
燗をつけ直して酸を出す
おおっ
いい食事会になりそうだね…
じゃあ料理を出す前に味見して一皿ずつ合わせていきましょうか？

この一言が
後に
とんでもない
ことに
なることを
麻里絵は
まだ知らない
お客として
参加するはずが
お店のスタッフの
ような立ち位置で
食事会スタート
最初は
これから
では
味見を…
わくわく
わくわく
……

和やかに宴はつづくのであった…
2品目　3品目…
4品目　5品目…
順調なマリアージュがつづく…
8品目……
むむむ しまった…
あの お酒も持ってくればよかった!
料理の味にマッチするお酒が無くなり切羽詰まる…
どれも しっくりこない…
やはり……
もう少し甘味がほしいのに…
こっちだと甘すぎるし…
ちょうどいいのがない
次は なにかなー

ないならば……
くわっ
B酒
A酒
えいっ
失敗してもモトモトでっ
つくってしまえホトトギス
ぷる
ぷる
ぷる
大丈夫かも……
うん
すごくいいね
ブレンドいける!!
ここれで何とか…
しかし!!
料理も終盤となりとうとう合うお酒が尽きてしまう
オロ
オロ
おもしれ——

お酒に含まれる味は
甘味 酸味 苦味 旨味
お酒に含まれない味は
塩味 油味 スパイシー味
グル グル
グル グル
ならば今
欲しい味は?
この鮨に
あると
面白いのは…
ピリッとした
スパイシー
感!!
木村さん
胡椒あります!?
あるけど
………
何するの?
ゴリ
ゴリ
これ試して
ください
パク
ぐび
大丈夫
だから!!
う うん
へ〜〜〜っ
合わせると
奥行きが増す
ね〜〜
やったーっ

こんなの初めて
イケルねー
和やかな雰囲気のなか…
食事会は好評のうちに終了となり参加した人からは好評価をいただきました
が!!
終わるまで5時間!!
あうう
すみません すみません!!
よかったよー
面白かったー
ブレンド ちょい足し 当たり前 麻里絵流の日本酒スタイルが出来るきっかけとなる夜だった
こんな白熱試合になるとは…
まっ白に燃えつきたぜ…
そして このイベントは恒例となり参加した蔵元の貴さん 七本鎗さん 新政さんなどからもちょい足しやブレンドは「どんどんやるといいよ」と エールをいただきました
どんどん
やれ
やれ!!
はいっ!!
七本鎗 冨田泰伸
貴 永山貴博
新政 佐藤祐輔

これは守り過ぎだから もっと攻めようよ

木村さんと初めてお会いしたとき、すごいオーラがあふれている姿を見てこの人と早く仕事がしたいというより、一緒に早く楽しいことをしたい、この人となら楽しいことになるはずだと根拠もない自信を持ったのを覚えています。

食事会ではプレッシャーを押し殺して、その時間に集中力を注ぎました。嬉しかったのは、鮨は勿論のこと木村さんが私の出す日本酒に妥協を許さなかったことです。

「もっとこうしたら良くなるんじゃないか」「これは守り過ぎだからもっと攻めようよ」、こんなやりとりが続き、興奮してその日は朝まで眠れなくなりました。そのときから兄と妹ですねって決まりましたね(笑)。

そして木村さんは、出会ったときからなにも変わらないのです。ずっと真面目でずっと優しくて、真剣で四六時中お鮨のことを考えている。仕事と人に対して、いつもまっすぐ。木村さんの真剣さに応えたくて、コラボ2回目のときには意識し過ぎて神経が過敏になり音、香り、光などを感じる五感すべてが脳に直結するような状態になり、時間も忘れて過ごした体験も今では良い思い出です。

大好きな兄ちゃんとこれからも進化していきたいです。世界を目指して。

食事会ある日のメニュー

1 あおやぎ、はまぐり、あおさのりの椀
×磐城壽　土耕ん醸

2 子持ちいか　とろとろの火入れ
×花巴　水酛×水酛　貴醸酒

3 えびみそ
×仙禽　全麹仕込み3年熟成を2週間バーボン樽

4 蟹の塩辛　山椒の香り
×鳳凰美田　純米大吟醸と粕取り焼酎のブレンドをオーク樽熟成

5 熟成あじの押し鮨　梅、大葉、ごま
×開春　もろもろみ＆花巴山廃純米25 BYのブレンド

6 あん肝と発酵バターをパンにのせて
×開春　惋(おん)＆新政　オーク樽2年熟成のブレンド

7 白子のリゾット×花巴正宗　樽丸

8 5日熟成のアジフライ
×蒼空のもろみと「民宿とおの」のどぶろくのもろみ酢を自家熟成＆花巴　南遷(なんせん)

9 鯨　ウネスの部分　ヤンニョンをのせて
×睡龍　十年熟成に甲斐ワイナリーのデラウェアを少し

10 このこ(なまこの卵巣)の塩辛蕎麦
×開春　木桶仕込みOKE09にアンリ・ジローを2滴

11 金目鯛と九条ねぎ、金目鯛のアラ炊き
×開春　木桶仕込みOKE09

12 カワハギと肝の鮨
×奥播磨　袋しぼり　抜栓して1週間常温放置

13 52日熟成のカジキの鮨
×秋鹿　協会28号(多酸酵母)

15 ふぐのスープ
×一博(かずひろ)　うすにごり生酒2年熟成にクラタペッパーをぱらり

16 ミル貝、ホッキ貝の酒粕漬け20日熟成酒盗あえ
×開春　寛文の雫 木桶熟成にマスタードシードをぱらり

すし 㐂邑(きむら)

〒158-0094
東京都世田谷区
玉川3-21-8
電話:03-3707-6355
火・木～土
17:30～19:30、
19:30～21:30(2部制)
水・日
12:00～(1部制)
月曜定休

開春　寛文の雫　木桶熟成

醸造元／若林酒造有限会社（島根県）

江戸時代の文献を参考にして、当時の日本酒を忠実に再現したお酒です。とても甘く感じますが昔はこれを水で薄めて飲んでいたとか。お侍や相撲取りがガブガブ飲んでいたお酒かと思うと感慨深く、今のお酒と味を比べると興味深くもあります。

お世話になっている大阪の地酒専門店

「山中酒の店」の店長・井上さんに「ちょっと変わったタイプのお酒が欲しいんですけど」と相談した時に、オススメいただいたのがこの〝寛文の雫〟というお酒でした。

お店に届いてグラスに注いだ瞬間、びっくり！

蜜のようなトロッとした質感と茶色い見た目のインパクト、漂ってくる「みたらし団子」のお醤油を焦がしたような香りに圧倒されました。口に含むと黒糖のような甘みがダイレクトに広がります。散らばる杉の香りは印象的で、そして味わいは野性的！最初の感想は「どうやってお客様に出そう？」でした。

私には勝手なポリシーがあります。熟成酒、古酒、決して一般的に飲みやすいとは言えないお酒を変態酒として一言で終わらせるのではなく、一度咀嚼してカジュアルで身近な飲み方まで落とし込みたい…。ひとつのものとして捉えると難しいのですが、何かと合わせたときの組合せで補い合う、はたまたそれを上回る別の味わいに昇華出来るお酒があります。そのことをこのお酒との出会いで、より強く意識するようになりました。

〝寛文の雫〟は「調味料」として捉えようと考えた瞬間に迷いがなくなりました。そして今では、お店になくてはならないお酒です。オススメの飲み方は、このお酒にブラックペッパーやナツメグなどをお好みでプラスしてお魚などと口内調味するスタイルです。試していただければ楽しい発見があって、新しい世界が広がります。

山中酒の店

〒556-0015
大阪府大阪市
浪速区敷津西1-10-19
電話：06-6631-3959
月～金10:00～19:00
土・祝10:00～18:00
日曜定休

麻里絵の汗

5月上旬
全国新酒鑑評会の
結果発表の日
GEM by moto
みなさん
金賞受賞
おめでとう
ございます！
英君《えいくん》 望月裕祐
陸奥《むつ》八仙《はっせん》
駒井伸介
賀茂金秀
金光秀起
いらっしゃいませ！
一杯目どう
しますか？
スッキリ
したの
お燗
ほしいんだけど
イソバレル
アルデヒドは
いやだ!!
生燗もやだ!!
NO!
むむっ…ナニヤツ…
じゃ
ソトロンとか
ポリスルフィドは
どうですか？
それも
やだ！
でも
火入れでは
そういう成分が
出てしまうの
しかないので
生燗では
出ないように
してお出し
します
あ、そ

どうぞ
これ アルデヒド出てるじゃん
いえっ!! ケトンですっ
何!? このヒト!!
アルデヒドだろ
あっ
もしかして……
ケトンですっ
あの人は…
金賞トリオ
ケトン!
ててんちょ…
キッチン
はっ!!
アルデヒド
国税庁 ○○○○官
宇都宮 仁
あーーっ!! やっぱり官能評価セミナーの先生だーっ!!
ものかげ
宇都宮先生……
はい
先生の資料で勉強させていただいてます
ザワザワ
おかみにたてついた!?
ザワザワ
やっちまったー
日本酒評価の親玉

先生は……
いつも…
こういう注文の
仕方をされる
のですか…？
日本酒の
お店で………
………
…………
いや…
千葉麻里絵
だから……
しえええ〜
た 試されてる!?
でではこれなどいかがでしょう
これ
オフフレーバー
これも
これも
アレも
アレも
先生
オフフレーバーは
おそわったので
わかるんです……けど…

これ
ちょっとツマミと
合わせてください
これと
これと…
このスパイスも
これも
合わせて
みてください
う〜〜〜〜ん
わるくないね〜〜〜〜
でも……
あるかね〜〜
どうかね〜〜〜
帰る
ありがとう
ございました
あ〜〜
とてつもなく
失礼なこと
した――っっ!!
………………
ど どうしよ〜

あ〜〜〜〜とても失礼なことを…してしまいました
絶望的
どうしよう
宇都宮先生とそんなやりとりできる飲食店はあまりないだろうからきっとまた来てくれるよ
大丈夫じゃね
而今 大西唯克
そうかなぁ
5日後
いらっしゃいませ
あっ
先生にまた来てもらえた…
宇都宮先生 一杯目はどうします？
スッキリしたの
う〜〜〜〜ん これは4VG
どれどれ
じゃあ これを飲んでください
これと
こっちも試してください
ふーん

これは台湾の山胡椒と合いますからこれを一粒食べてください
マジカル…
こんどはこっちのお酒とこれを合わせてください
ふ〜〜〜〜〜ん
今まで酒単品のことしか言ってこなかったけど……
料理とこのお酒は合うね
ホントですか!?
じゃあ…
にごり酒に山椒を入れるといいんですよ
こ、これはっっ
酒から麹臭さが消えて※レモンゼストのさわやかなフレーバーが…
※レモンの皮のような香り

これは秀逸だな
論文に
できるぞ！
発見!!
え———っ!?
本当ですかー!?
山椒はミカン科
だから
柑橘系の香りが
酒との組み合わせで
出たんだな…
俺はオフフレーバー
のことをずっと
言ってきたけど
それは日本酒を
良くしようとして
単体で考えてた
結果なんだ
単体の美味しさだけでは
広がりに欠ける
情景やエモーショ
ナル（感情）な面も
考えて
自由な発想で
日本酒をみるのも
必要だと
感じている
そうですよね
日本酒は自由に
楽しまなきゃ
数日後
スッキリ
したの
ちょうだい
オー
ジャパニーズ
サケー!!
ダイスキ
デス!!
今日はお連れ様と
ご一緒なんですね

にごり ちょうだい
で これに 山椒やって くれんかね
あーーー!! アレですね
ほら これも飲んで みて
？
オーー!!
うまいでしょ!?
マーベラス オイシー!!
その後 宇都宮先生とは メールを交換 したり たまに食事を したり
焼肉!!
これは脂だから 7号酵母と 合うぞ
何か発見したら 報告し合う 仲になりました
いや これ 6号じゃ ないスか？

2011年3月11日
東日本大震災が発生
岩手県の実家も
被災するが
運良く重大な被害は
まぬがれていた
まだ岩手に
会いに行くのが
困難だったころ
スタンド
酛
moto
お父さん 大丈夫？
大丈夫！ 食器がグシャグシャに なったくらいだよ
麻里絵！ それより 久慈さんの 日本酒のアレ 見たか？
え!? 何それ
被災地岩手から
全国のみなさんへ
このままでは 経済的な二次被害を 受けてしまいます
自粛をするより お花見を してください
東北のお酒を 飲むことで 応援して いただきたい
岩手県 二戸市
南部美人《なんぶびじん》 五代目蔵元
久慈浩介さん
自分が大変なのに この人は未来を 見てる…
すごいな

2016年
映画「カンパイ！
世界が恋する日本酒」に
ちょっと出たことが
縁で初めて
日本酒をプロデュース
することに
伝統に挑戦するヒトたちへ
カンパイ！
世界が　酒
この映画の
主人公だった
久慈さんが
コラボの相手だった
おおっ
あの有名人から
メールがきた
お疲れさま
昨日小西監督から
電話をもらいました。
頑張ってやっていきま
何でも言って
ください!!
久慈浩介
麻里絵ビジョン
さて　どうしたものか…
せっかく
南部美人さんで
造るのだから…
岩手らしいけど
普段と違う
ものがいいな〜
よし
こんな
感じで
いこう
おっ!!
麻里絵さんから
メールだ…
どれどれ
こっ　これはっ!!

受信
コラボ日本酒の件
千葉麻里絵
宛先 久慈浩介
お忙しいところありがとうございます
Kampai×南部美人オリジナルの
日本酒イメージ
もともと美人の岩手の女の子を化粧して
綺麗に輝かせるようなイメージです。
飲み疲れしない辛口ではないシャープな
お酒を造りたい。
数字的にはalc15.3度 aa0.8 ta1.7
グルコース0.8 日本酒度－１～＋１
お米は岩手のぎんおとめ 100%
酵母６号 洗米 ウッドソン
もやし 黒判か白夜
麹 突きハゼ、中箱10キロ盛り
盛りの温度、時間47～50時間
火入れ／瓶燗 タンク／木桶
酒母／速醸
うは―― なが～
わくわく
仕込み水は中硬水と
聞きました。
マグネシウムとカルシウム
どちらが多めですか？
ピルビン酸 管理できますか？
いろいろ注文すみません。
あとは全てお任せします。
蔵にお邪魔した際にじっくり
話せたらいいですね。
びびび
「何でもやります」って言ったけど
これは…
ヤバイっ!!
ちなみにイベントなどで造られるお酒は山田錦で造るフルーティーなものが普通だそうです
作業が始まり製造部長の田村杜氏が「もろみ」の写真を送ると…

可愛いですね 今日は 何度ですか
びびび
この人 変わってる って聞いてた けど… こりゃヤバイ
コラボ日本酒 完成!!
1週間前から 胃が痛い……
ドキドキ
ああっ こういう子に 生まれて くれましたか
久慈さん いい子に 育ててくれて
ありがとう ございます
最初は どえらい メールがきて どうなることか と思ったけど…
あれを ラブレターだと 思ってがんばって やってよかったよ
久慈さん…
いい経験をさせて いただきました 日本酒造りが どれだけ大変か 少しわかりました (自分が造ったわけでは ないですが…)
ここまで 思い入れが あって わかろうとして くれるのは うれしい
そして これも縁なのか 映画「カンパイ!」の続編が作られる ことになり 今度は私が メインで 出演することに なりました
これは また 別の話

人は泣いてもいいんですよ

ガッハッハッハ！と大きくて豪快な声で笑う久慈さんは、同じ岩手県出身の尊敬する蔵元さんです。あまりにメディア露出が多い有名人なので相手にしてもらえないかもと勝手に想像していましたが、明るくて気さくなお人柄に一度会っただけでファンになってしまいました。やはり話してみないと人は分かりません。

　底抜けに明るく優しい久慈さんは、悲しみや辛さも人一倍知っているのでしょう。だから私が辛かった時期に掛けていただいた「人は泣いてもいいんですよ」という言葉にどれだけ助けられたことか。世界を飛び回りバイタリティーいっぱいの久慈さんからは、一緒に仕事をしたときに「出来ません」という類いの言葉を聞いたことはありません。少し無茶な提案でも「やりましょう！」と常に前向きな返事ばかりが返ってきました。日本が好きで、日本酒造りに誇りを持ち、日本酒を大事にしている久慈さんはいつもこう言います。「どんなに世界で日本酒が高く評価されても、そのルーツは日本なんです」

　だから私は、日本酒が大好きな世界中の人たちが日本で日本酒を楽しく飲んでる姿を見られる最高のお店を作るのが重要なミッションだと考えています。

こんなのだめだよ

　お店に入ってくるなり専門用語連発で、苦手なタイプの人が来たなぁと思ったのが失礼ながらの第一印象です。嘘のない化学的な批判は、日本酒に愛がある私にとっては余計にモヤモヤしました。そんな洗礼を受けてから、お酒の話をするうちに宇都宮先生の人間味あふれる不器用な日本酒への深い愛情を知りました。

　私が想像する以上に先生は日本酒のことを考えて、なおかつ蔵元さんへの愛情にあふれている人だったのです。先生の愛情表現は化学的で、お説教のようにしか聞こえませんが言われている蔵元さんは、先生の言葉をなんだか嬉しそうに聞いています（笑）。時間を掛けて丁寧に厳しく説明してくれる先生は、とっても優しい人だと感じます。

　良い酒ってなんだろう？　先生とよく話をしています。単独で考える日本酒の世界も、今まで先生をはじめとした先代の方々から受け継いできた背景や技術もトータルで大切です。でも日本酒の評価は昔から加点法ではなく減点法です。この香りはあってはダメを追求するあまり、酒単独での美味しさを求め過ぎているのではないでしょうか？

　お料理が加わるときの日本酒の可能性は？　料理人はお酒を、料理を引き立たせる脇役として見る傾向が多いのが現状です。しかし日本酒は、寄り添う脇役の他に高め合ったり、別の味わいに変化させたり、味のかけ算ができる可能性を秘めていることを知ってもらいたい。

　先生に出会い、化学的なことをもっと追求することから生まれた可能性と魅力。まだまだ頑張れると心から思いました。お店では宇都宮先生に、退屈な思いをさせたくないと思っています。出会いに感謝！

陸奥八仙　華想い50　純米大吟醸生

醸造元／八戸酒造株式会社（青森県）

青森県の酒米「華想い」を使った地酒です。フルーティーでジューシーなのに純米大吟醸であることを忘れてしまうような旨味がスッキリと広がり、甘味とも酸味とも違う味の厚みが感じられます。陸奥八仙のラインナップの中でも特に人気が高く、火入れバージョンと2種類のタイプがあります。華やかで口が喜ぶお酒です。

写真　左から 駒井伸介、千葉麻里絵、金光秀起。（敬称略）

麻里絵ポイント 一見、完璧で非の打ち所がない美しい味わいです。お酒のオーラには、冷静さすら感じます。ここに私なりの解釈を添えてこの日本酒を伝えると、口に含んで喉を通るときのシルエットがとても素敵で喉の奥のほうに「温かみ」のようなものを感じます。キレがいいとか、余韻が深いとかそういうものではなく、ホンワカする優しさです。杜氏の駒井伸介（のぶゆき）さんとは歳が近いこともあり、よく酒造りの話をします。彼はクールで、いつも冷静な感じの人間に見えるのですが実際は、人間臭くて日本酒に対してとてもとても熱いんです。飲んでくださる人への感謝の心と人柄そのままがお酒に出ちゃった感じです。冷静さを装っていても「美味しい!」と言うと、たまらず少年のような笑みをこぼし喜ぶ杜氏の顔を思い浮かべながら飲んでいただけたらと思います（笑）。

英君　しぼりたて純米生

醸造元／英君酒造株式会社（静岡県）

静岡酵母で造られた純米生酒です。しぼりたてなのでフレッシュで爽快な飲み心地。槽場を冷蔵したことにより、さらにクリアな酒質となっています。軽い香りと酸味に、わずかな苦味があり新酒らしい旨味になっています。料理を引き立てるような一面もあるので、食中酒としてもお楽しみください。

麻里絵ポイント 「香りが華やかではないお酒をちょうだいな!」英君酒造の望月さんはお店に来られて7年前から今も変わらない注文をします。英君のお酒は、華やかな香りはなく、ふんわりと漂うお米の甘味をそっと補強してくれるような控えめなメロンのような香りです。飲めば一瞬でこのお酒の魅力が分かるというよりは、盃を重ねることによって飲み心地に癒されている自分に気づくというタイプです。美味しいお酒は数あれど、この美味しい飲み心地のお酒は望月さんが仲間と楽しく飲み続けられるお酒を造りたい、という気持ちから生まれたのだと思います。

第10章 遥かなる想い

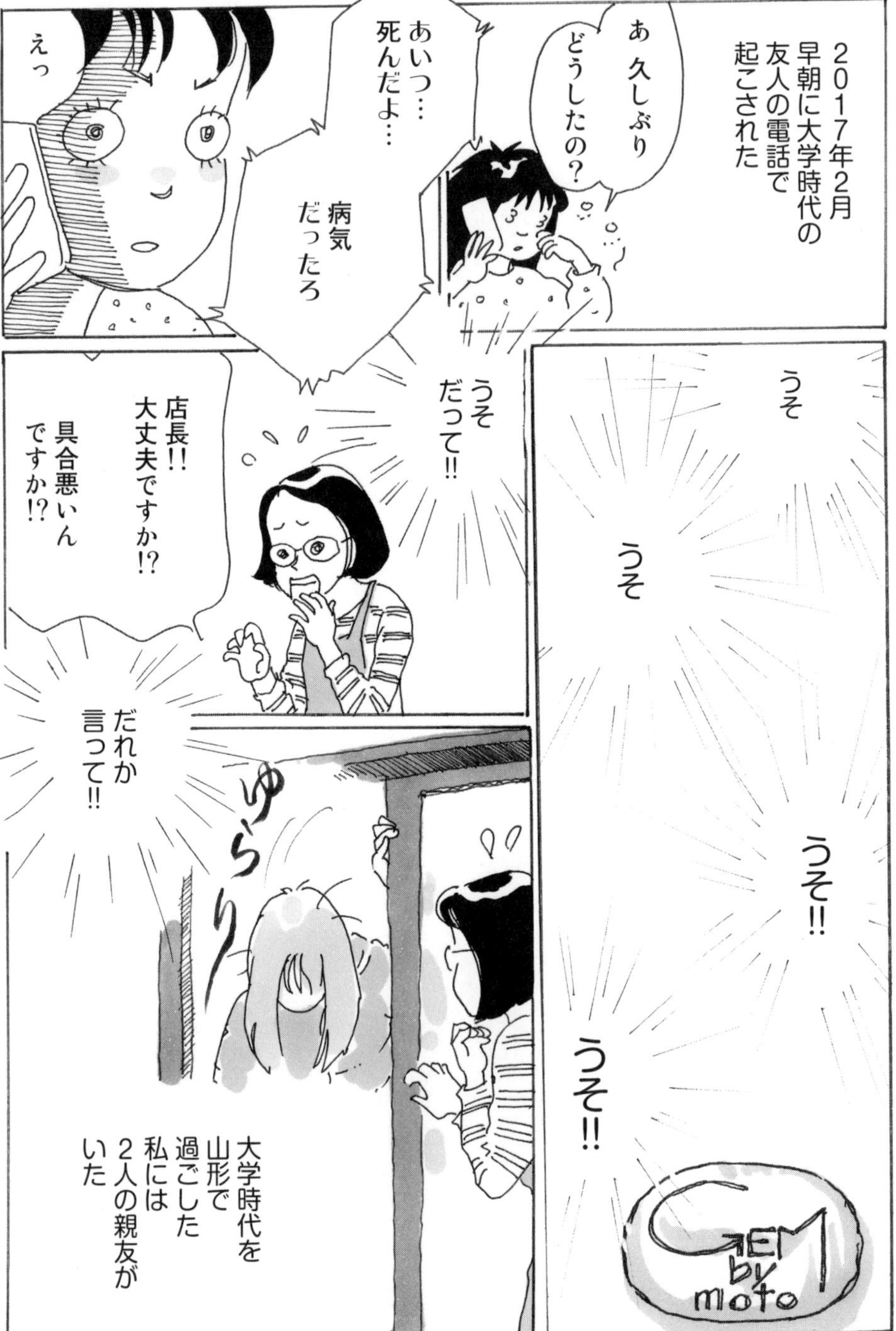
2017年2月
早朝に大学時代の
友人の電話で
起こされた
あ 久しぶり
どうしたの?
あいつ…
死んだよ…
病気
だったろ
えっ
うそ
うそ
うそ!!
うそ!!
GEM by moto
うそ
だって!!
店長!!
大丈夫ですか!?
具合悪いんですか!?
だれか
言って!!
ゆらり
大学時代を
山形で
過ごした
私には
2人の親友が
いた

※コミュ障　ネット用語で極度の人見知りのこと

日本酒の仕事を
やっていくと決めた頃
彼がわざわざ
茨城県から
お店に来てくれた
スタンド
酛
moto
ここで働く
ことにしたんだ
日本酒に
真剣に向き
あおうと
思ってる
日本酒って
すごいよね
……
なんで会社
辞めちゃったの
こんなバイトじゃ
食べてけないだろ
一生やれる
仕事じゃ
ないよ…
えっ
そんな…
他人《ひと》とも話せる
ようになったし…
日本酒の話で
盛り上がる
ハズ…だったのに
やりがいが
あるんだよ
彼は心配
してくれて
いたのだろう
けど……
それ以来
彼とは少し
疎遠《そえん》に
なっていった

店長
今日は
お休みした
ほうが…
ヨロ
ヨロ
今週は
レストラン
との
コラボも
あるから…
そういう
わけには
いかないの
ぎゅっ
パo
いらっしゃいませ
一杯目は
どうします？
お葬式に
行った
セレモニーホール
彼の好きだった
日本酒を持って…
日本酒
あっ

ああ……
あなたはこんなにも日本酒を愛して…
コト
愛したものに囲まれて…
私も死んだら……

いらっしゃいませ
一杯目はどうします
これと合わせてみてください
アイツに「日本酒で食っていけてる」って…
報告できなかった……
ヴヴヴ…
あっ 孝市くん
4月になったらまた東京に何度か行くから
一緒にラーメン食べに行こうよ
福島県 曙酒造
鈴木孝市

鈴木孝市さんは
同い年で
酒造りの話より
もっぱら食べ物の
話ばかりする
うん
大食い仲間
だった
何か元気ないな
大丈夫？
あ
友達が……
死んじゃって
言葉にしたら
気がついちゃう
辛い
そっか…

友人の死から全然立ち直れていない
いらっしゃいませ23時で閉店ですが…
あっ
ちょっと一緒に飲みたくなっちゃって
あー間に合ってよかった!!
天《てん》明《めい》
孝市くん!!

閉店後
GEM by moto
酒造りの最中なのに
来てくれた
孝市くんと飲んだ
天明
彼にもっと
たくさん
報告した
かったのに
う……
はっ!!
う……
ううううう〜
ポロッ
うわーーー
あわわわ…
麻里絵が
泣いたー!!

彼に認めてもらいたかったのかな……私
そんなに日本酒が好きな人だったら……
麻里絵ちゃんのこの業界での仕事っぷりも見てたはず
絶対!!
そうかなあ
いつまでもヘコんでる場合じゃないでしょ
友達が見たかったのは……

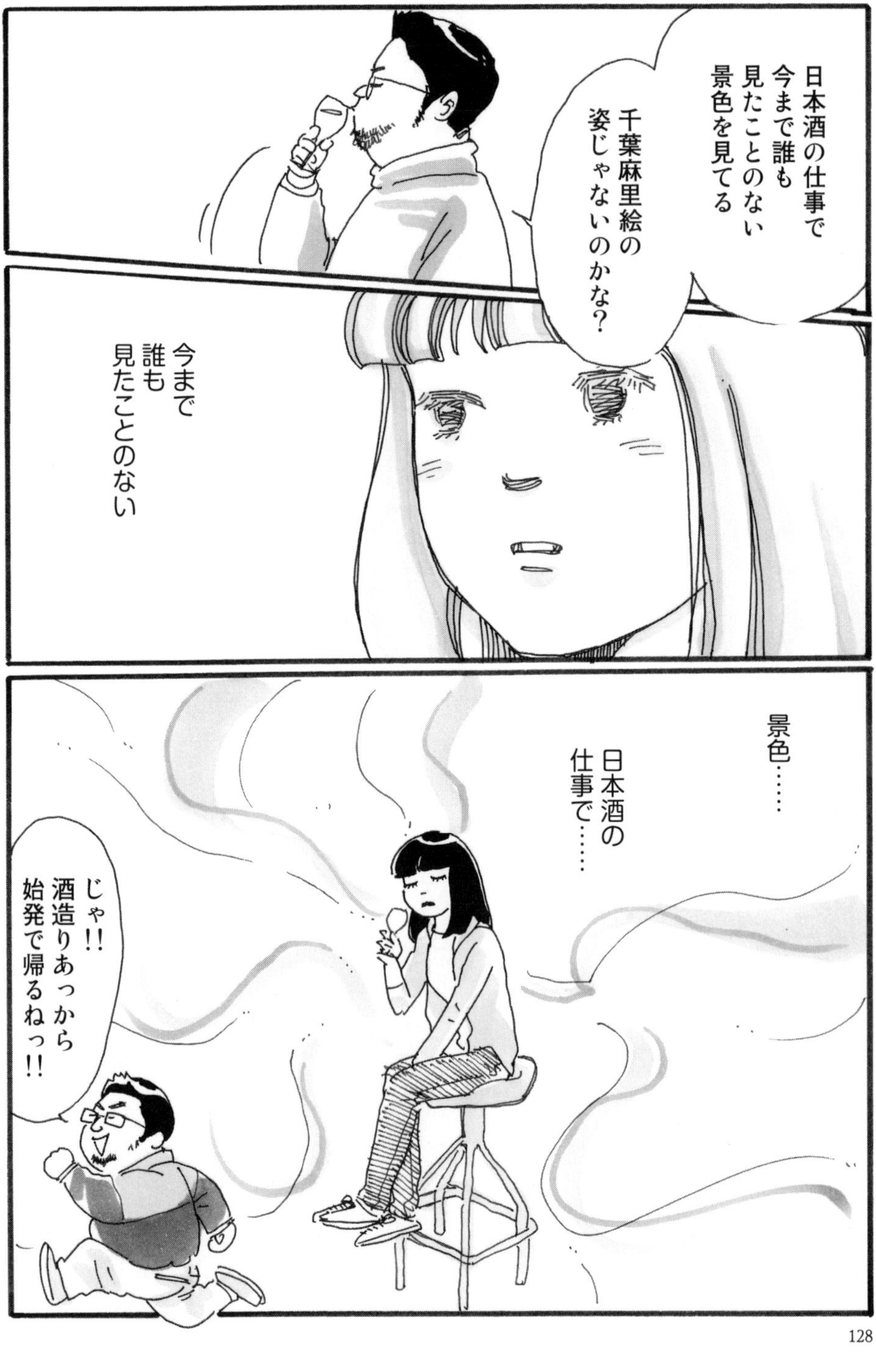
日本酒の仕事で
今まで誰も
見たことのない
景色を見てる
千葉麻里絵の
姿じゃないのかな？
今まで
誰も
見たことのない
景色……
日本酒の
仕事で……
じゃ!!
酒造りあっから
始発で帰るねっ!!

天国で
見ててね
コト
新宿の小さなお店で始まった千葉麻里絵の夢はまだまだ続く
親友が好きだった日本酒を彼の分まで愛するためにも
いらっしゃいませ
今日はどうしますか？

つづく

最初にGEMの壁にサインを書いた男

天明の鈴木孝市さんとは、親しくなるまでにとても時間がかかりました。それゆえ、お互いをゆっくりと理解した今では切磋琢磨し合える仲間と言ったほうが良い関係です。親しくなっていくと、親や仲間をとても大切にする優しさ、守り立ててくれた酒販店さん、飲食店さん、福島県民に対する感謝の心が酒造りに浸透していることが伝わってくる場面を要所要所で見ることがありました。そんな姿を見ていると、この人は信用できるなとじわじわ感じながら今に至ります。

あと、嘘をつかない。そんな孝市くんだからこそ、私がもうどうしようもないくらい落ち込んでるときや、嬉しいときに素直に話せる大切な仲間なんだと思います。辛いことを乗り越えられたのは彼がいたおかげです。なかなか本人には面と向かってありがとうは言えないけれど…これからも一緒に同世代としてチャレンジしていきたいです。

知ってしまったらなくてはならないお酒

木戸泉というお酒は8年前飲んだときの印象と今の印象が違います。そして日本酒とその時代との関わり方にも短い年月の中に物語があります。

当時の印象は酸味がある濃い変態なお酒。日本酒そのものを単体で、バランスの良い綺麗な状態で飲むのがベストである。日本酒と料理の相性を考えるまでの引出しがなかった私はそのような考えだったため、個性的なマニアが飲むお酒と捉えていました。そんな興味本位で蔵見学に行った訳なのですが、蔵元の荘司勇人さんとお会いしてみるとお酒とは打って変わり柔らかい物腰で話すシャイな人。特別変わってることはやっているつもりはなくお祖父さんのやってきたことを引き継いでいるシンプルなものでした。

「他の蔵のことをあまり知らないのでどこが変わっているか分からない。新しいチャレンジも考えているが、根本的な軸はブレないし、このやり方しか知らない」目の奥にはしっかりとしたビジョンがあり、先々代に対するリスペクトも強く感じました。熟成酒の利き酒を年度違いでしたのも蔵ではこちらが初めてでした。味わいの多様性は目から鱗で、その時に時間がもたらす重みを感じました。

今、木戸泉の宝のような熟成酒は和食を超えて、たくさんのジャンルのレストランに欠かせない唯一無二の存在です。お料理を輝かせてくれる「変態」と呼ばれるお酒は「知ってしまったらなくてはならないお酒」となりました。荘司さんが先々代の教えを守り、造り続けてきたお酒がそこにあります。今年、GEM by motoでオリジナルのスコッチ樽熟成もお披露目になりました。こちらもぜひ飲んでみてください。

know by moto（ノウ バイ モト）

島田店長

千葉麻里絵さんが勤める酛ブランドの店舗。日本酒をリーズナブルな価格で少しずついろいろ飲めるお店です。長いカウンターの立ち飲みスペースと椅子席があり、落ち着いた大人の雰囲気でゆったりと楽しめます。店内にはTSUTAYAさんとのコラボで日本酒に関する本の書棚が併設されていて、立ち読みや購入することができます。なによりJR新宿駅東口よりすぐ！
平日に昼酒が飲めるのもうれしい、便利なお店です。

〒160-0022　東京都新宿区新宿3-26-14
新宿ミニムB1階
電話：03-3225-7788
11：00～23：00　不定休

酒の秋山

4代目 秋山裕生

大正11年創業。扱うお酒は毎年すべて試飲して、常に出来立てのフレッシュな状態で提供するのが酒の秋山。冷凍庫で日本酒を管理する先駆けの店であり、−8.5℃、−2℃、0℃、18℃の4つの温度帯で完璧に保存管理をしています。

麻里絵ポイント

私が日本酒を知らない頃から、ずっとお付き合いがある秋山さん。いつも謙虚で分からないことへの探究心と、日本酒と蔵元さんに対してのリスペクトの姿勢にはいつも頭が下がります。どれだけこの方は頭に数字が入っているのか不思議に思うくらい、いつも私の細かいスペックの質問に丁寧に答えていただいています。

〒176-0011　東京都練馬区豊玉上1-13-5　電話：03-3992-9121　11：00～20：00　日曜定休

ottimo（オッティモ）

店主　中田真志

麻里絵さんがオススメする、お客様と雰囲気を大事にする日本酒のお店です。JR大森駅より約5分。大森鷲神社のすぐ横です。店内は17席とコンパクトですが、人気店であることをうかがわせる空間が広がります。

ottimoは、日本酒もお料理も美味しいのはもちろんのこと「楽しい空間でお酒を飲んでもらいたい」という姿勢がオープン当初からずっとブレず、いつ行っても素敵なお店です。日本酒スタンド酛と開店時期がほぼ同じで、その頃から変わらずお付き合いさせていただいている数少ない飲食店です。店主の中田さんは日本酒に詳しいのですが、知識をお客様にひけらかすことなく日本酒の楽しみ方を自然体かつ、お客様目線で提案してくれます。私自身そういうお店をずっと目指しているので頼もしい同業者です。お料理、お酒、店主、空間すべてオススメなのでぜひ遊びに行ってみてください。

麻里絵ポイント

〒143-0016　東京都大田区大森北1-25-6　電話：080-3385-4471
16：00～24：00　日曜・祝日定休

いとうあさこと日本酒の話

いとうあさこ × 千葉麻里絵

日本酒好きを公言しているお笑い芸人のいとうあさこさんと、カジュアルに楽しむ日本酒の魅力を語り合います。

千葉：はじめまして、店長の千葉です。よろしくお願いします。

いとう：素敵なお店にご招待いただきまして、ありがとうございます。

千葉：自分で設計して最後、デザイナーと喧嘩しながら作ったんです。扉をミドリや青にするって言ったら「茶色にしろ」って言われて。

いとう：なんで？ 茶色じゃつまんない。差し色がなくなっちゃう。すっごくいいですよ。色合いが落ち着く。

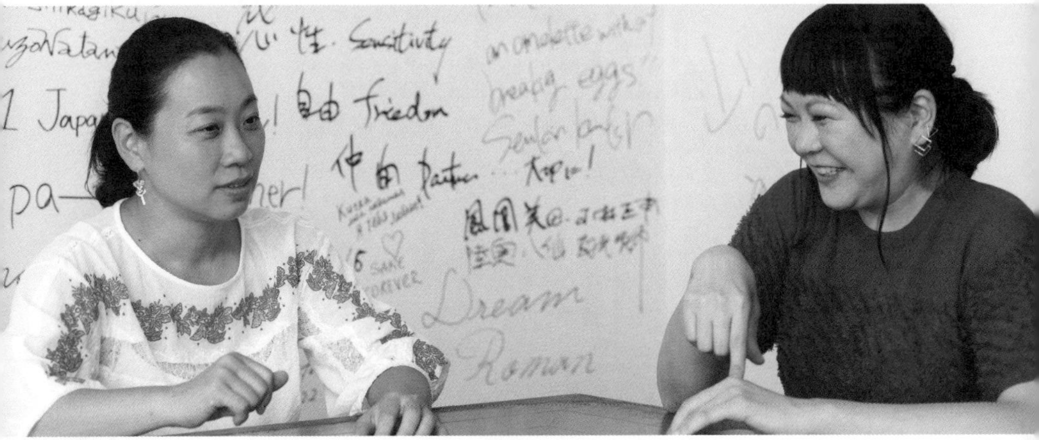

撮影／岡利恵子　ヘア・メイク／有吉奈津子　スタイリスト／篠塚麻里

千葉：ありがとうございます。すっごい嬉しい！ 普段は、いろんなお店に飲みに行かれるんですか？

いとう：行きますね。あんまり家飲みはしないです。お酒が美味しい条件に誰と飲むかが大きくなってきて。ひとりだと、飲みますけど缶ビール1本で心が折れるときもあるし(笑)。日本酒は、ロックで2杯くらい。本当に日本酒ファンの方々からは非難をあびるのですがロックで！「杜氏さんの気持ち考えなよ！」とか言われるんです。

千葉：えっ⁉ いいじゃないですか。うちはロックやりますよ！ 私がもともとお店やろうと思ったきっかけが、日本酒が好きで飲みに行くと「こういう飲み方じゃなきゃダメだ」みたいな圧があって。「冷たいやつ？ ハンッ！」みたいに鼻で笑われたり。もっとカジュアルに飲みたかったんです。それで女性ひとりでも入れるような気軽な店で、ちゃんとしたお料理を出して、入ってくるとき日本酒の店に見えないのを目指したんです。一升瓶がドーンとあるとかっこいいんですけど、うちは四合瓶なんです。

いとう：なんか以前に聞いたんですが、日本酒のお店に行くとお酒の減り具合を見て人気だと思って頼む人がいるらしいんです

けど、「それは違う」開けたてが美味いんだって言う有名な俳優さんがいて。それを聞いてから開けたてって、凄いんだなって思って。四合瓶なら開けたて率が高いですよね。すぐ飲み切っちゃうから。

千葉：開けたてフレッシュって、その瞬間の美味しさがあるんです。でも開けて1～2週間たって熟成したお酒もいいんですよ。温かくして飲むと美味しいんです。ロックにしたり、冷たくして飲むには開けたてが美味しいです。このお店にはマイナス5℃の部屋っていうのがあるんです。酒蔵さんにはあるけど、飲食店には珍しいんですよ。だからお酒はいつもコンディションが良いんです。

いとう：そこトイレじゃないんだ。ワイナリー…じゃなくて、日本酒ナリー？ うわー素敵。夢の部屋、最高じゃない！ うちは頂き物でお酒がいっぱいあるんですけど、どんどん劣化しちゃうんで…。

千葉：常温だと熟成が進むんで、2年もたつと色が茶色くなるじゃないですか。マイナス5℃だとゆっくり綺麗に熟成が進むんで透明なんです。3年たっても開けた瞬間、ガスのプシュって音がします。いとうさんは熟成のイメージってどうですか？

いとう：熟成？ あんまり考えたことなかったです。知識がなかったから、黄色くなっちゃうくらいの感覚です。

千葉：いい熟成のお酒は艶っぽくて、ちょっと衝撃的なので日本酒好きならぜひ体験して欲しいですねー。

カレーに合う日本酒だってあるんです

千葉：お店の名前は「GEM by moto」（ジエム バイ モト）と言って、moto（酛）というのは酒母とも言って、日本酒造りで一番重要な要素のことです。日本

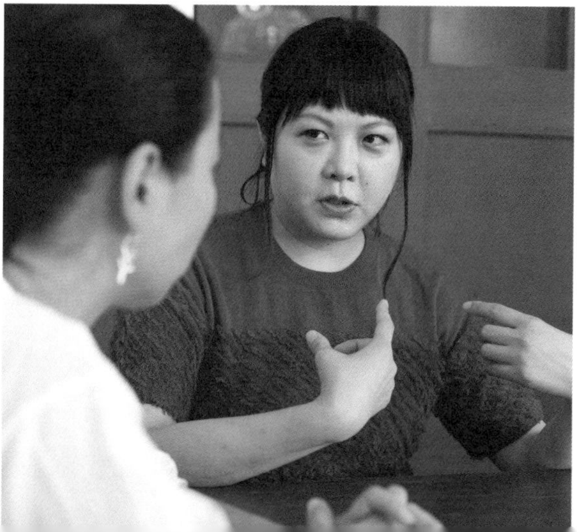

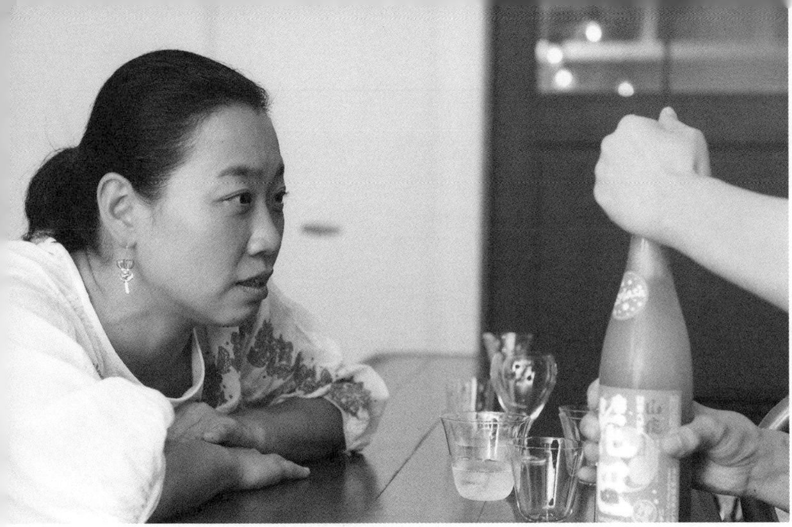

酒は宝物という意味合いでつけた店名です。

いとう：日本酒は宝ですよね。本当にずっと言ってるんですけど、こんなにすべての料理を満たすお酒は世界探してもないもの。でも、カレーライスだけは合わないと思ってますけど。カレーライスがそもそも酒に合わないから、日本酒にもちょっと。カレー風味やカレー味ならいいんですけど。

千葉：カレーライスに合う日本酒あるんですよ。ラッシーみたいな。ヨーグルトみたいな酸味があって、ちょっとガス感もある。

いとう：カレーライスを満たしたら、私の中では全部だと思います。カレーって強いから。

千葉：今日、あるのでよかったら飲んでください。カレーに合うやつは、これですこれです。スプラッシュ！　これは奈良の花巴さん。

じらす〜っ、花巴

いとう：開栓注意！　そんなバカな……。最近、若い杜氏さんが増えたのかオシャレなこういうラベルが多いですよね。どのぐらいスプラッシュ？　この白いのは混ぜたほうがいいの？

千葉：振ると爆発するから。**（開栓）**

いとう：ああ〜っ、きたきたきた。ダメだ！　もうダメだって閉じて！**（閉栓）**あっ、よかった戻ってった。そうか、こうやって混ざっていくのか。**（開栓）**あ〜もうダメだ。間に合わない閉じて！　閉じて！**（閉栓）**は〜。一生飲めないんじゃないかって気がしてきた。いつか静かになるのかな？**（開栓）**あっ、またきてるな。**（閉栓）**じらす〜っ、花巴。全然飲めない。飲める日がくるのかな？　大丈夫だよ怖くないよ。うわっ、これ見ながらずっと酒飲める。「だいじょぶ、だいじょぶ」って。こんなお酒あるんだ。下にあった白がほとんど上にいったじゃないですか。

千葉：これ酸味が凄いんですよ。甘味もちょっとあって。ガスってる。すぐ飲みたいときは冷凍ぐらいまで冷やしてガッと開けてちょっと減らすみたいな。あっ、いけそうです。

いとう：あっ、麹の香りっていうか……日本酒を造ってる途中の工程で、かき混ぜるロケに行ったときの匂い。米の匂いっていうか、うわ〜これは気泡も凄いな。この香りがいいな〜。

千葉：カレーにも合うんですけど、ミントとかディルとかハーブを入れると香りとカレーの香辛料がつながって、よりいいんですよ。

いとう：あっ、ディルいいなー。ディルの香り好きです。ミントは私苦手なんですよ。でもディル入れたらサーモンとか、そっち系の魚とも合うんじゃないですか？

（ディル投入）

あっ、最初は漂うような柔らかい香りが出やがったのに、今はわりと「どう？ ねぇ、どう？」ってガツガツ出てきた。でもまろやかな感じ。これだったら肉厚のサーモンを塩胡椒とバターで皮までカリカリに焼いてぶつけたい。ちょっと濃いめの味がいいかも。だからカレーにも合うのかな？

千葉：普段から日本酒なんですか？

いとう：もう、ほぼビールか日本酒で。まあ、大久保さん（※1）と飲むことが多いんですけど、意外かもしれませんがー。大久保さんとイタリアン系に行くときはワインをボトルで頼んじゃうんですけど（笑）。全体的には醸造酒が、私は好きなんです。結局、和食屋さんに行くことが多いんで日本酒になりますね。

酒のツマミが好きな子供でした…

いとう：うちは母が夕方になると湯のみを持ってきて、そこに氷を2個入れて日本酒をそそいで指でカラカラッとまぜて飲んでたんです。それを見て、あんな大人にはなりたくないって思って育って同じことしてるんです。DNAだと思います。日本酒の世界に足を踏み入れたのも、親が作った道のりにまんまとひっかかった。

千葉：うちのおじいちゃんも相当な酒飲みで、一晩で3升も飲むんです。子供の時、それを見てこんな大人にはならないぞって思ってました。

いとう：思いますよね！ 3升いくっていうのは本物ですよ。意味が分かんないですよね。

千葉：でも気がつくと小学生くらいからスルメイカとか食べてて。

いとう：私も、子供のときから始まっていて。今でも忘れられないのは、頂き物で「このわた」が家の冷蔵庫にあったんですよ。イカの塩辛が好きだったので、親の目を盗んで箸で1本引っ張ったら瓶の三分の二がなくなったんです。「このわた」ってなんか長いじゃないですか。だけども衝動が抑えきれず、それをトゥルルルッて食べて、死ぬほど怒られました。あのとき「このわた」がナマコのワタだってことと、とても美味しいということを知りました。小学校何年生だったのか…。酒のツマミばっかり好きでしたね。なっちゃうんですよね、DNAって罪深い…。

ルールがあるみたいに言うじゃないですか 今は自由だと思うんです

千葉：日本酒の好みってありますか？

※1 大久保佳代子　お笑いコンビ「オアシズ」のツッコミ担当。メガネを掛けてないほうと言えばお分かりの人も多いはず。

いとう：大吟醸とかだとパンチがないんですよ、もうちょっと濃くてキレがいいみたいな純米のロックがいいんです。でも正直これが純米とか分かんないですよ。だけど純という文字が私を興奮させるんです。で「純米酒お願いします。吟醸じゃなくていいですから氷入れて。」って注文します。あと私、氷の絵づらが好きなのかもしれない。カランカランっていう音も。はい！　美味そう。氷溶けて薄まるじゃんとか言われるけど、薄まる前に飲むわ！って言いたい。

千葉：実際、蔵に行くと蔵人さんもロックで飲んでたり、ソーダ割りとかするし。お燗で飲むときには加水って言ってバリバリに水を入れることもあるから。

いとう：私もロケで蔵元さんによく行くんで分かります。提案はするけどお好みでって、言ってましたよ。その自由さって居心地の良さに通じるから。

千葉：うちはロックにしたり、ミントやハーブ系を入れたり、山椒を入れたりも結構やります。3～4年前までは、よく批判されました。お客さんが「美味しい」って言ってくれればいいので、蔵元さんにも話してるんでOKです。

いとう：だいたいそういうのって知らない人が言うんですよ。美味しけりゃいいじゃんって思いますよ。食でも何でもルールがあるみたいに言うじゃないですか、分かるんですけどそれはあなたのベスト。ただ私は違うんですって言いたい。

千葉：日本酒の業界ってそういうのが結構あって、それも日本酒が広まらなかった原因じゃないかと実際、自分は思ってます。

いとう：でも今凄いんじゃないですか。日本酒のお店も増えてるし。

千葉：でも世界に広めるにはもっと自由でカジュアルにしていかないと。発想の転換をしないといけないと思います。以前はちょっと怖くて先輩や業界の人に言えなかったんですけど、今はちゃんと勉強して根拠もあって提案してるので、吹っ切れちゃってペッパーとかシナモンとか入れちゃうんです（笑）。

いとう：今は自由だと思うんですよ。好きならいいし、美味しけりゃいいし。

日本酒をロックで飲んでもいいじゃないですか

千葉：いつも行く日本酒のお店はあるんですか？　あまり冒険はしない？

いとう：イモト（※2）が日本にいるときに飲むんですけど。イモトは冒険家じゃないですか。だから新しい店によく行くんですよ。で一緒に行くんですけど当たりとハズレが五分五分なんです。入ってすぐ分かるときもあって、なるほど〜ってなってすぐ出ちゃう時もあります。で、当たりの店もあるんでイモトのおかげでちょっと行く店も増えました。けど、相当飲むので家の近所が多いです。広がんないです。

千葉：まわりの友人は日本酒を飲まれますか？

いとう：あの〜、イモトはお酒ダメだったんですけど私がずっと美味そうに飲んでるんで、ちょっと手を出したら「うまいっ！」て言って。好みは違うんですけど日本酒飲み出して、とうとう今年の誕生日はお猪口各種をザルに入れて手ぬぐい掛けてプレゼントしました。

千葉：え〜っ素敵！

いとう：そしたら自分もしたくなったんですけど、結局ロックで飲むから使わなくて。私のまわりで日本酒飲み出した人は多いですよ。あと六本木のお店でロックで飲んだら、お店の人がいいな〜ってなって、ロックに合うお酒を入れはじめたんです。そしたらロックのオススメメニューとか作っちゃって。でもオススメってなると、だいたい原酒の濃ゆいやつで。普段使いのお酒を飲みたいのに…。

千葉：そうかそうか、お店の人は濃いお酒を薄める感覚なんだ。

いとう：違うんだな〜って。でもそこは言わないで普通にずっと。

千葉：いっぱい飲まれるんですか？

いとう：好きだけど量はいっぱい飲んでないです。飲み過ぎると、すぐにフニャフニャってなっちゃう。最近弱くなったな〜っとか言って。

千葉：水は一緒に飲みます？

いとう：それも言われるんですけど、チェイサーの持ち方が分かんないんです。だって手をのばすと酒持っちゃうじゃないですか？ どうしてチェイサーに手が届くのって思うと水飲めない。分かってんですよ水飲んだほうがいいってことは。だって美味しいもの食べてるじゃないですか、美味しいもの食べて水ってならないじゃないですか、だから酒いくじゃないですか？ 酒飲んだら美味いつまみが待ってるじゃないですか。

千葉：翌日残りません？

いとう：私、残らないんです。そのかわり色んなものが失われてるのかもしれない。20代は酔い潰れたりしていたこともありますが、48年も生きてくると飲む酒も変わってきて量も分かってくるから。でも色々飲

※2　イモトアヤコ　「世界の果てまでイッテＱ！」でもおなじみ。太い眉毛が特徴的なお笑いタレント。珍獣ハンターや登山家としての顔も持つ。

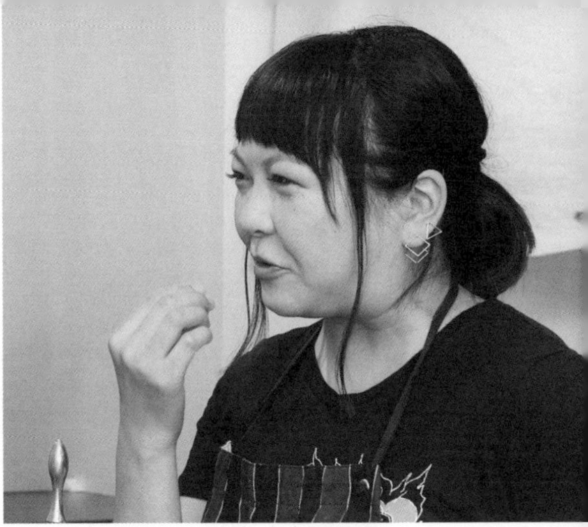

んで最後にビールに戻ったときだけ翌日が楽しくないです。あれ何でだろ、まったく理由が分からない。

千葉：分かります。私もあります。

いとう：自分だけかと思ってた。ビール戻りは体調を崩すんです。最初ビールも途中ビールも、ずっとビールもいいんですけど、ラストビールだけはやめてます。そこだけ気をつけてれば残んないです。いくら飲んでも。飲み過ぎると記憶はなくなるんですけど残んない。神様が一個くらいくれるんですよ。美肌と酒が残らない能力を私はもらったんです。この二大能力を手に入れたんです。もう十分です。

海外では地ビールでリセットしたい

千葉：海外に出掛けることが多いと思いますけど旅先でも飲みますか？

いとう：今月前半はずっと海外だったんですよ。台湾に行って帰ってきて2日後にハワイでした。台湾は「イッテQ！」（※3）なんでフリータイムがそんなにないから、ただ缶ビールを買ってそれで頑張る！私って不思議なんですけど異国で、その国の缶ビールで最後リセットしたいんです。缶ビールがその土地に合うんですよ。うまいな～と思って買って、帰国して飲むとやっぱり何か違うんです。それってあるじゃないですか？沖縄ビールは沖縄で飲んだほうがうまい。日本酒なんかモロそういうのがあるんじゃないですか？

千葉：毎年、地方の蔵に行くんですけどそこで食べるものと、その土地のお酒は合うんですよ。

いとう：絶対合うんですよ。そして合うようになってるんですよ。不思議なもんですけど。以前、石川県でテレビの収録が終わって、酒好きのディレクターさんと寿司屋さんに行って「石川のお酒あります？」って聞いたらいっぱいあるんですよ。じゃ端から飲んでいきましょうってなって、一合ずつ貰っていったら全部美味しいんですよ。

（試飲タイム）

※3　「世界の果てまでイッテＱ！」日本テレビ系　毎週日曜　19:58より放送中の人気番組。（2018年11月現在）

千葉：では色々とお話をうかがったので、いとうさんがきっと好きだろうと思うお酒をお出ししますね。まずは風の森です。
いとう：雄町…これは素敵なお米なんですよね。奈良……超硬水使ってんだ…「純米しぼり華」？
千葉：しぼり華は、一番搾りみたいなフレッシュな部分ってことです。硬水はミネラルが多い水なんでお酒として発酵させるとガスがめっちゃ出るんです。微炭酸っぽくなるんです。
いとう：あ〜っ細かい泡。美しい！　うわ〜いい香りだな〜素敵。あと、このグラスいいな。
千葉：これ木村硝子のグラスなんです。しかもスタッキングって重ねられるんです。こんな薄いのに。温かいお茶も全然大丈夫ですよ。良くないですか？
いとう：怖いけど凄い。へ〜っ、いい器！これいいな。うん。キレイな水を感じるお酒。口に入れた瞬間だけ香りと共に甘く感じるけど、すぐにその表情を『キリリ』方向に変えてくる。

千葉：では、次のお酒は仙禽です。新ジャンルのお酒で自分がプロデュースしました。バーボンのオーク樽に入れて熟成したお酒です。栃木なんですけど、もともとソムリエやってた若い方が造ったお酒です。日本酒をあまり飲まない、ワインなんかを飲む人向けなんです
いとう：そっち系のお酒か〜、ラベルも面白い、アメシスト。色がちょっとついて黄みがかってる。うわ、不思議これは不思議！香りも面白い。ちょっと甘ーい感じ。このあと、口に入ってくるお酒が日本酒とは思えない。
千葉：これはカカオニブをちょっと食べてから飲むとチョコっぽい苦味が出ていいんですよ。
次はすっごい香りのお酒です。花巴の水酛×水酛です。

「どうだい！」ってストリップでほぼ脱いだ感じ

いとう：どっち系の香りですか？　ちょっと嗅がしてもらっていいですか？
千葉：エロチックな香りです。私、初めて

これ嗅いだとき興奮して帰れなかったんですよ。手で少し温めて嗅いでください。わかると思います。
いとう：うわ～気持ちいい、ちょっとキテル。エロ～。なんだろ淫靡《いんび》なんですよ香ってくる感じが。わかる～。セクシーと言うか、大人の色気満点で滑らかに絡んでくるくせに、口に入った途端に甘めの可愛らしさを出してくる。ズルい。
（5分程経過）
あ～ちょっと変わってきた。ずっと嗅いでると最後にツーンと刺す感じ。これは凄い香りだな。だんだん、まろやかになってきた。最初のマイナス5℃のゆったり感もよかったけど、今はオラオラ系で「どうだい！」って、ストリップのほぼ脱いだ感じ。
千葉：じゃ次いきますね。次はスパークリングで天蛙（あまがえる）、秋田は新政のお酒です。にごりになるんですけど。
いとう：うん、優しい。これはちょっと米感のある香り。甘酸っぱく、なんとも口あたりがいい。脂ののった白身魚やスモークサーモンなんか当てたい。
千葉：これに粉山椒をひとつまみ入れると、またいいんです。
いとう：あ～っこういうことね。はいはい爽やかさを足す感じ。うわ～いい、微発泡だから香りがすげ～。相当いいです。
へ～っ嬉しい。わかります。山椒いい、軽いスパイシーさで凄くいい。急に肉味噌とか強いものが合う感じ。濃いものをぶつけたい。
千葉：ご満足いただけましたでしょうか？

いとう：面白かった。素敵なお店＆素敵な千葉さんで最高でした。楽しかったです。

4 花巴　水酛×水酛

醸造元／美吉野醸造株式会社（奈良県）

水酛とは、室町時代に生み出された古来技術で醸したお酒です。そのお酒でお酒を造ったのがこれ。フルーツのような香りで、飲むと新鮮なホヤのような味わい。

麻里絵ポイント 他にはないオンリーワンのエロチックな香りをお楽しみください。

5 新政　天蛙

醸造元／新政酒造株式会社（秋田県）

アルコール度数を10%未満に抑えた瓶内二次発酵酒。添加物を使用しない、開栓注意の発泡酒です。

麻里絵ポイント そのままでも最高に美味しいですが、山椒パウダーをぱらりと入れると爽快さが増し、よりバランスが良くなります。蔵元もオススメの飲み方。

木村硝子

GEM by motoで愛用している日本酒グラスは木村硝子のもの。定番で使用している「バンビシリーズ」はふっくらとしたフォルムと短めのステムが特徴のワイングラスです。自宅でも使い勝手の良い「ベッロシリーズ」もオススメ。

木村硝子店　SHOP直営店
営業日：木・金・土（週3日）営業時間：12:00-19:00
住所：〒113-0034　東京都文京区湯島3-10-4　電話：03-3834-1784

1 花巴　山廃純米大吟醸　スプラッシュ

醸造元／美吉野醸造株式会社（奈良県）

柑橘を思わせるジューシーな酸が特徴の活性にごりです。瓶内発酵のきめ細かいガスが爽快!

麻里絵ポイント 生胡椒をひと粒かじって、このお酒を飲むとさらに美味しさがアップします。

2 風の森　雄町80%　純米しぼり華

醸造元／油長酒造株式会社（奈良県）

低精米でありながら、超低温で長期間発酵を進めることで溶解性の高い雄町80%精米の個性を存分に引き出し、複雑性をそなえたリッチで甘味と酸味のバランスがよい味わいに仕上がっています。

麻里絵ポイント 氷を落としてロックで飲むと、ガス感と旨味が身体にフィットします。

3 仙禽　Amethyst

醸造元／株式会社せんきん（栃木県）

3年熟成した全麹仕込みを、バーボンオーク樽でさらに貯蔵熟成しました。洋酒の仮面を被った日本酒です。甘味は感じるものの様々な料理とマッチします。

麻里絵ポイント カカオニブをひとつまみして飲むと口の中がチョコレートに！ 楽しい組合わせもぜひ。

萩乃露　槽場直汲み　辛口特別純米

醸造元／株式会社福井弥平商店（滋賀県）

とっておきの中汲み・直汲み限定品。ガス感があり、本当にフレッシュなお酒です。旨味がギュッと詰まった感じが素晴らしい1本。辛口と書いてあるだけにキレはいいのですが、非常にジューシーで様々な顔を見せてくれます。

麻里絵ポイント 私はこの直汲みシリーズの大ファンです。直汲み由来のぴりっとくる最初のガス感から飲み手のテンションをマックスに上げ、そのあと舌に良い感じにまとわり付く甘味が癖になります。このお酒に出会ってしまうと、ほとんどの人が虜に…滋賀県のお水のふくよかでちょっと甘い感じを上手にお米と融合させています。解説を書いていて今もよだれが出て来ました。

松みどり　特別純米　生原酒

醸造元／中澤酒造株式会社（神奈川県）

11代目蔵元の鍵和田亮氏によるチャレンジ酒になります。「甘味」と「酸味」のバランスをテーマに毎年改善されながら作られているとか。

麻里絵ポイント 亮君とは新宿時代からの知り合いで、日本酒についてたくさんディスカッションをしてきました。もっと素敵な造り手になって欲しいという願いも込めて、とても厳しい意見を伝えて、当時はすぐにお店で置くことはしませんでした。本当に本人が納得したものを持って来て欲しかったからです。このお酒を飲んだ時は心から嬉しかったです。彼がどんなお酒を造りたくてこういう表現をしたのかが分かり、味わいに違和感がなくピュアで温かい人懐っこさがそのまま出ていたからです。そんなまっすぐなお酒をみなさまにも飲んでいただきたいです。

笑四季モンスーン　山田錦　貴醸酒

醸造元／笑四季酒造株式会社（滋賀県）

このラベルは、濃厚極甘口　燗酒天国の2013年ラベルです。

麻里絵ポイント パッと眼を引く、このシリーズのラベルは仕込み設計の変遷とともに2年おきに変わっています。2013-14は岡田ゆか理さんの作品です。通常の日本酒は仕込みの際に麹米・掛米・仕込水を3回にわけて投入していきますが貴醸酒ではこの最後の留仕込みの際、水の代わりに日本酒を用います。発酵初期からアルコールがあるので甘めの味わいになるのが特徴です。複雑な鼻を刺激する爽やかな香りからは想像できないエキゾチックで濃厚な甘さがあとを引くのが笑四季の面白いところ。造り手の竹島さんは、真面目で面倒見がいいのに、ちょっと気まぐれ。そのお人柄が表現されてるようで、愛おしくなります。

田中六五

醸造元／有限会社白糸酒造（福岡県）

福岡県は糸島市産山田錦の純米酒です。素晴らしいお米を心意気で醸し、伝統のハネ木で優しく搾りました。山田錦の田んぼの中から生まれた65％精米のお酒です。

麻里絵ポイント 最初はキレイで隙のない無機質な、色を持たないお酒という印象でした。ちゃんと向き合ってみると、口に含んだときに綿菓子みたいに溶けるような儚い味わいに気づきます。これは山田錦を細マッチョの肉体に育てたような印象で、バランスが何ともいえない魅力を放っています。触りたくなる洗いたての真っ白な、柔らかい肌触りのタオルのようなお酒と感じました。

酒屋八兵衛　山廃純米酒

醸造元／元坂酒造株式会社（三重県）

何気ない日常にいつも日本酒があることを理想に「飲み飽きず、飲み疲れない」一晩の安らぎを与えるお酒を目指しているとのこと。食中酒として温度を変えながら楽しみたいお酒です。やさしいキレに杯が進みます。

麻里絵ポイント 燗酒と、肉じゃがと、ご飯をください！
そんな言葉がすぐに思い浮かんでくる、田舎の家庭料理をつまみながら湯呑みで飲みたいお酒です。人の温かさがお酒を通して感じる、どこか泥くさく、優し過ぎるくらいの…奥底にあるどっしりと構えた酸味と穀物感の旨味ノイズがあふれたお酒は造り手の笑顔を思い出します。これからがもっともっと楽しみなお酒です。

あづまみね　無濾過中取り　純米吟醸生原酒

醸造元／合名会社 吾妻嶺酒造店（岩手県）

やや低アルのお酒で飲みやすく軽く感じますが、味は幅広く甘味・辛味・酸味・旨味・苦味が順番にサラサラと追いかけて来ます。淡麗寄りに感じる面もありますが食事に合わせると底力を感じます。

麻里絵ポイント このお酒を飲むと、キリリとしていて、わんぱくで、つんけんした香りに懐かしさを感じます。口に含んだときのお米の甘みからくるジューシーな飲みごたえに自然と笑みがこぼれます。お水の柔らかな感触がイヤに心地良いのは、私の故郷のお酒だからでしょうか？　小さな蔵なので出会うことは少ないかもしれませんが、機会があればぜひ飲んでいただきたいです。

白隠正宗　純米吟醸

醸造元／髙嶋酒造株式会社（静岡県）

地下150メートルの水脈から汲み上げた、約300年前の雪解け水「富士の霊水」を使っているからかスッキリと飲める癖のないお酒です。ゆっくりと味が舌に乗り消えていく、そんな優しい辛口です。冷たくしても温めても、いつまでも飲める万能感に感激します。

麻里絵ポイント　ホッとリラックスしながら自分のペースでゆるゆると飲み続けられる、食事を選ばないお酒です。口に入った瞬間の甘さ控えめな金平糖のような繊細さが静かに鼻から抜けていきます。お水の柔らかいテクスチャーがお酒と自然に溶け込みながら最後はすーっとなくなる潔さが気持ちの良い、家庭に1本あると困らないお酒。

来福　純米吟醸生原酒

醸造元／来福酒造株式会社（茨城県）

兵庫県産愛山100%使用。江戸時代から続く伝統を守りつつ、常に新しい酒造りにチャレンジしている意欲的な蔵のお酒です。華やかな吟醸香がふわりと漂う上品な辛口寄りです。

麻里絵ポイント　香草のような香りと舌を滑るなめらかさ、甘味がぎゅっと締まった美しいお酒です。花酵母で有名な蔵ですが、このお酒は9号酵母を使って溶けやすい愛山米をドライに仕上げています。この蔵は色んなことに毎年チャレンジしています。知識がとんでもなく豊富な造り手の藤村さんが醸す、シンプルな作品は安心感と包容力があり、飲んでいて優しい気持ちにさせられます。

ゆきの美人　純米大吟醸6号酵母火入れ

醸造元／秋田醸造株式会社（秋田県）

とにかく香りにまず、やられてしまいます。ずっと嗅いでいたい1本です。6号酵母独特の酸味と味の深みが素晴らしい、旨口酒になります。味の濃い料理にも薄味の料理にも合わせて楽しんでいただきたい。

麻里絵ポイント　しなやかで骨格のある酸味が飲むたびに気持ちを高揚させるお酒です。大人の品格の中にも、ぴりぴりとしたチャーミングな口あたりとシャインマスカットを思わせる遊び心を備えた味わいは、造り手の小林さんらしさを感じさせます。一本筋の通ったこのオンリーワンのかっこいい酸味に絶妙な甘味がバランスよくまとまっています。懐の深いお酒です。気持ち良く酔うことが出来るでしょう。

登場したシェフのお店 ※93ページ参照

Salmon&Trout(サーモンアンドトラウト)

〒155-0032 東京都世田谷区代沢4丁目42-7
電話:080-4816-1831
18:00 ～(L.O.24:00)　※要予約　　火・水曜定休

LA BONNE TABLE(ラ・ボンヌ・ターブル)

〒103-0022 東京都中央区日本橋室町2丁目3-1　コレド室町2　1階
電話:03-3277-6055
ランチ11:30 ～15:00(L.O.13:30)／ディナー 18:00 ～20:30
アラカルト20:00～23:00(L.O.21:30)　※要予約　　不定休

Celaravird(セララバアド)

〒103-0022 東京都渋谷区上原2丁目8-11　TWIZA上原　1階
電話:03-3465-8471
火～土　18:30～　土のみランチ　11:30～
※要予約　　日・月曜定休

Ode(オード)

〒150-0012 東京都渋谷区広尾5-1-32　ST広尾　2階
電話:03-6447-7480
ランチ12:00 ～(L.O.13:00)
ディナー 18:00 ～(L.O.21:00)　※要予約　　日曜定休

Sio(シオ)

〒103-0022 東京都渋谷区上原1-35-3
電話:03-6804-7607
ディナー 18:00 ～20:00スタート
土日祝のみランチ　12:00 ～13:00スタート　※要予約　　水曜定休

酛グループ

Kyobashi moto

〒104-0031 東京都中央区京橋2-6-13　イーストビル1階　電話:03-3567-7888
月～金　16:00 ～(L.O.22:30)　土　15:00～(L.O.21:00)　日曜・祝日定休

PLAT STAND 酛

〒180-0004 東京都武蔵野市吉祥寺本町1-9-10 ファミリープラザビルB1階　電話:0422-27-1640
月～土　12:00 ～(L.O.22:00)／日・祝　12:00～(L.O.20:00)　不定休

のまえ with moto

〒104-0061 東京都中央区銀座5-2-1 東急プラザ銀座11階　電話:03-6264-5264
ランチ11:00 ～16:00／ディナー17:00～23:00　　不定休

※本書に掲載されている情報は2018年11月現在のものです。

あとがき
のようなもの
目白花子
こうみえて お酒が ものすごく 弱いのです
正装
えっ!!
すごい飲みそう
よくいわれます
お酒のことは 何にも 知りません でした
こうして 麻里絵さんの マンガの仕事を いただいて
酒造りや飲食の じかに五感に 訴える仕事の 繊細さと厳しさに 驚きました
かわいく 描いてるけど ……
全員 日本酒の 鬼……
麻里絵さんも…
「わくわく」と心を 躍らせながら 可能性を追求する 鬼であります
GEM by moto で好きな肴は 鯖のまったヤツ
じゃ それに 合う お酒を
ちょっと だけ
みなさん 勝手に似顔絵 かいてすみま せん!!

あとがき

千葉麻里絵

私は恵比寿と広尾のちょうど真ん中くらいにある「GEM by moto」というお店の店長で、日本酒のセレクトと料理メニューの開発をしています。

最初、漫画化のお話をいただいたときは自分の生い立ちから今までが、漫画になるような話なのか？　と思いましたが、少しずつ出来上がっていくにつれて、自分自身でも驚くくらい濃厚な出会いを多くしていたことに改めて気づかされました。

子供の頃から様々な習い事に興味本位で手をつけるのですがすぐに飽きてしまう。大学を卒業後もその感じは変わらず、一体何がしたいのか分からずに就職してそれなりの生活をする毎日でした。そんな日常のつまらなさに矛盾を感じていたときに、日本酒に出会ってしまったのです。

今、私は日本酒を通して本当にかけがえのない人たちに出会い、とても楽しい人生を送っています。仕事が楽しくて何もないお休みの過ごし方が分からないくらいです（笑）。

詳しくは本作に書いてありますが、初期の頃に出会った鳳凰美田の小林さんは本当に衝撃的でした。

恐ろしいくらい厳しかったのです（漫画よりヤバめ）。見えない凄みというのでしょうか、とにかく空気感に圧倒されました。酒造りのことを知らない私は、どんな質問をしたらいいのか、何をしたらいいのかも分からず見てはいけないものを見ているような感覚から、ずっと鳥肌を立てていました。毎年酒造りのときには蔵に行かせていただいておりますが、今でもその感覚は変わりません。それどころか、新酒を飲んだときにも鳥肌が立つようになりました。酒造りってなんか凄いんだ！　そんな気持ちからどんどん日本酒に恋をしてしまったのです。

GEM by motoは日本酒初心者から、美味しいものを食べ慣れた人、ワインに詳しい方、一流のソムリエ、一流の料理人、同業者など多くのお客様にご来店いただいています。そういう方にも伝わるアプローチで、この料理には日本酒だよねの声をゼロから1に増やしていきたい。日本酒って美味しい！　面白い！　に気づいてもらえるようなインパクトを常に考えています。お客様に愛を持って自分の伝えたい方法で自由に表現すること。そこには、他者が決めたルールは要りません。他の人が、どう思おうが私は信念を持って日本酒を伝える仕事をこれからも続けていきたいと思っています。その人の人生を変えるかもしれない職業なのだから。

なんの取り柄もなかった私が、日本酒が好きになって、行動して、真剣になって、人に会って、生きることが楽しくなったこと、少しの勇気を持てたこと、ちょっと無敵になれたこと、そんな気持ちがみなさんに伝われば幸いです。親友も「まりりん頑張ってるじゃ〜ん」って遠い所でまた笑って日本酒飲んでくれたらいいな。

最後に、私の言葉を丁寧に理解してくれた編集者の斉藤さん、素敵に描いてくださった目白先生、いつも無茶振りを聞いてくれるデザイナーの小梅ちゃん、日本酒の素晴らしさを教えてくれた蔵元のみなさま、酒販店さま、飲食店さま、私をいつも支えてくれるスタッフのみんな、そしていつも応援してくださるお客様に心からお礼を申し上げます。本当にありがとうございました。

※本書はコミックサイト「パチクリ！」に
連載したマンガに、加筆・修正したもの
に新たに解説等を加えたものです。

http://pachikuri.jp

日本酒に恋して

作　千葉麻里絵
絵　目白花子

編集人　殿塚郁夫
発行人　永田智之
発行　主婦と生活社
〒104-8357
東京都中央区京橋3-5-7
編集部　03-3563-5133
販売部　03-3563-5121
生産部　03-3563-5125

ホームページ　http://www.shufu.co.jp

印刷所　太陽印刷工業株式会社
製版所　株式会社二葉写真製版
製本所　小泉製本株式会社

装丁　高橋小梅
本文デザイン　鎌田麻友香（growerDESIGN）
撮影　岡利恵子　亀和田良弘
校閲　文字工房燦光
編集・脚色　斉藤正次
協力　株式会社マセキ芸能社

© GEM by moto　(First corporation)　© 目白花子／主婦と生活社

Printed in JAPAN　ISBN978-4-391-15268-5

★ 製本にはじゅうぶん配慮しておりますが、落丁・乱丁がありましたら、
小社生産部にお送りください。送料小社負担にてお取り替えいたします。

★Ⓡ本書の全部または一部を複写複製（電子化を含む）することは、
著作権法上の例外を除き、禁じられています。本書をコピーされる場合は、
事前に日本複製権センター（JRRC）の許諾を受けてください。
また、本書を代行業者等の第三者に依頼してスキャンやデジタル化をすることは、
たとえ個人や家庭内の利用であっても一切認められておりません。
※JRRC（https://jrrc.or.jp/　eメール:jrrc_info@jrrc.or.jp　☎03-3401-2382）